上海科普教育发展基金会社会公益科普项目
上海市教委应用型本科试点专业建设项目　资助

现代社区园艺完全手册

贺坤　主编

科学出版社

北　京

内 容 简 介

　　现代社区园艺是都市生活中的一抹绿色,可以提升城市居民精神生活水平,陶冶情操。本书结合当前城市居民生活环境多样化和个性化需求,介绍了现代社区园艺的基本知识和日常管理,包括现代社区园艺植物、工具、土壤或基质、场地的选择、植物的养护等知识,以及家庭插花与多肉植物种植的一些知识和方法,最后还推荐了20种适合社区栽培的植物,并详细介绍了推荐理由和日常养护方法等。

　　本书主要面向城市现代社区园艺爱好者,也可以作为园林、园艺专业学生学习园艺知识的参考书。

图书在版编目（CIP）数据

现代社区园艺完全手册/贺坤主编. —北京:科学出版社,
2019.5
　ISBN 978-7-03-061014-0

　Ⅰ. ①现… Ⅱ. ①贺… Ⅲ. ①观赏园艺-手册
Ⅳ. ① S68-62

中国版本图书馆 CIP 数据核字（2019）第 069861 号

责任编辑:朱　灵/责任校对:谭宏宇
责任印制:黄晓鸣/封面设计:殷　靓

科 学 出 版 社 出版
北京东黄城根北街 16 号
邮政编码:100717
http://www.sciencep.com

上海锦佳印刷有限公司印刷
科学出版社发行　各地新华书店经销
*

2019年5月第　一　版　开本:890×1240　A5
2019年5月第一次印刷　印张:3 3/4
字数:81 000

定价:38.00元
（如有印装质量问题,我社负责调换）

《现代社区园艺完全手册》
编辑委员会

主　编

贺　坤（上海应用技术大学）

副主编

董雷雷（上海应用技术大学）　　　于真真（潍坊职业学院）

白　露（上海应用技术大学）　　　陈小华（上海市环境科学研究院）

编　委
（按姓氏笔画排序）

刘　爽（上海应用技术大学）　　　栾东涛（上海应用技术大学）

肖紫梅（上海应用技术大学）　　　黄舒欣（上海应用技术大学）

沈　倩（上海应用技术大学）　　　童　莉（上海应用技术大学）

宋　平（上海应用技术大学）　　　霍冰洁（上海应用技术大学）

前言

　　"采菊东篱下，悠然见南山……"

　　现代城市生活节奏快，居民的工作和生活压力越来越大，越来越多的城市居民向往自然生活，渴望在工作、生活之余能够更多地接触自然、拥抱绿色。作为一种健康、绿色又可以满足人们对美好生活需求和对绿色生态向往的生活方式，现代社区园艺已经成为一种时尚。园艺活动可以成为城市居民舒缓工作压力和放松身心的重要方式，可有效缓解生活、工作压力带来的焦虑感。

　　园艺植物作为城市中有生命力的元素，是大自然对人类的美好馈赠。种植园艺植物可以丰富城市居民的生活，增添生活乐趣，增进邻里感情，还能增长科学知识，提高居民的文化艺术素养。而且，从事园艺活动还可以锻炼身体，有利于身体健康。

　　现代社区园艺是指在城市社区的建筑室及阳台、庭院等室内外空间范围内，从事园艺植物的栽培和管理等活动。现代社区园艺理念上的创新就是让园艺进入寻常百姓家，揽入城市居民的视野，营造一种绿意盎然的靓丽风景线。随着社会经济的不断发展，城市居民的园艺消费意识逐渐觉醒，社区环境及家居装修等都开始从注重硬装，发展为注重软装，从室内延续到室外，人们开始对利用园艺植物装扮身边环境有了更多的个性化需求，有意识地去选择自己喜欢的园艺产品，去改造自己的园艺空间。因此，市场上符合社区环境和居民审美需求的绿色植物、园艺设施等越来越多，开展现代社区园艺活动也成为一种趋势。

近年来，我和同行们有幸参与了几项现代社区园艺研究课题，通过调研发现城市居民对现代社区园艺需求相当旺盛，但大多数城市居民缺乏基本的园艺知识。在工作过程中，我们也经常会接到朋友的咨询，关于室内外园艺植物的养护、产品选择等问题成为现代人茶余饭后的兴趣所在；我在工作之余，作为学生社团的导师也指导在校大学生开展较多的园艺知识、庭院绿化养护、园艺资材选择等讲座，向更多的年轻人宣传现代社区园艺知识。为了更好地普及现代社区园艺知识，我们在上海市教育委员会和上海市科普教育基金会的资金支持下，组织教师编写了这本关于现代社区园艺管理的手册。全书内容主要包括现代社区园艺使用的材料、现代社区园艺场地的选择及现代社区园艺植物的养护等，力求用简洁的语言介绍各方面的注意事项等。同时，考虑到现代人对家庭插花和多肉植物的喜爱，在书中也增加了专门的内容进行介绍。

本书在编写过程中得到了许多专家、好友的热情帮助，并参考了大量近年来出版的有关现代社区园艺方面的书籍与部分网站上的资料，在此一并表示感谢。由于编者水平有限，书中如有不足之处，恳请广大读者予以批评指正。

贺　坤

2018 年 5 月

目录

绪论

　　"园艺"一词包括"园"和"艺"二字,《辞源》中称"植蔬果花木之地,而有藩者"为园,《论语》中称"学问技术皆谓之艺",因此,园艺是种植蔬菜、果树或观赏植物等的生产技艺,可相应分为蔬菜园艺、果树园艺和观赏园艺。"园艺"一词,原指在围篱保护的园圃内进行的植物栽培。现代园艺虽早已打破了这种局限,但仍是比其他作物种植更为集约的栽培经营方式。园艺生产对丰富人类"营养"和美化、改造人类生存环境有重要意义。

　　园艺有专园艺和普园艺之分,专园艺的栽培目的是生产优质作物,以期获得最大的经济效益,而普园艺的栽培则是以观赏为主,生产为辅。近年来,随着人们环境意识的不断增强,除了园林绿化之外,美化到生活环境中的各个角落的风尚正在逐渐形成,所以普园艺的内容随着发展趋势已不再只限于利用观赏植物进行栽培有关的技术,而开始重视造型艺术,使之向观赏艺术的方向发展。因此,为了顺应生活潮流,本书特别介绍了普园艺里的现代社区园艺,希望能为热爱园艺、享受美好生活的居民提供借鉴。

　　现代社区园艺(侧重都市观赏园艺)是指在城市社区的建筑室、阳台、屋顶或公用绿地等空间范围内,从事园艺植物栽培和装饰的活动,现代社区园艺理念上的创新就是让园艺进入寻常百姓家,进入城市居民的视野,营造一种绿意盎然的靓丽风景线。现代社区园艺涉及植物种植、养护、景观技术及园艺装备等创新技术体系，与传统园艺的区别主要体现在园艺植物的科学化种植和养护、新型现代环保节能园艺装备的应用以及增强居民身心健康、改善生态环境的园艺创新理念。

现代社区园艺与传统的家庭园艺在内涵上有不同之处。传统的家庭园艺包括养花、插花和盆景制作，而现代社区园艺的含义与传统家庭园艺中的养花更接近，但不仅限于传统的家庭养花，小型蔬菜、水果的种植和阳台花园、屋顶花园、庭院绿化等也属于现代社区园艺的范畴。现代社区园艺能促进身体健康、陶冶性情、调节心情，还能起到美化和净化环境等作用，总而言之，现代社区园艺正与人们的居家生活紧密结合，它不仅能够美化你的家，更能美化你的心。

若将城市绿色生活比作美食，现代社区园艺就像是日常生活中一日三餐的家常菜一般，而到城市公园或郊野乡村去亲近自然就应该是假日的"豪华聚餐"或"庆祝派对"。城市中的人们期待"豪华聚餐"没什么不对，但对于大多数人来说，先把"一日三餐"料理好才是更重要的，因为这往往对我们健康起到决定性作用。如果平时家中没有绿意环绕，即便偶尔去趟城市公园或是郊野乡村，走马观花地看看景色，对缓解"自然缺失症"能有多大效果呢？如果从来没有亲自陪伴过一盆植物，感受其从种子到发芽、长大、开花、结籽再到凋零等过程，仅仅是周末去户外看到一些"素不相识"的植物生长过程的零星片段，我们对自然的认识又会是多么片面呢？

但是，出于缺乏时间、技能、空间的原因，在社区种植花草对于现代都市人来说显得很奢侈。而书籍或者网站上推荐的一系列看起来高端、布置相当精美的家庭花园或者菜园，却远远不是几个步骤就能学会的。市场上有大量的关于如何做好园艺的书籍，但却很少有人可从中获得真实的体验，更何况很多园艺书是国外翻译来的，作为普通的新手们很难真正从中学到如何去选择、养护管理植物等技能。当下城市内遍布从健身、音乐到外语、电脑等各种业余爱好

室内种植的仙人球

培训班，但似乎鲜有专门面向大众培训社区园艺技能的组织，不能不说这是个很大的遗憾。

常听到朋友们讲："我花费了时间、精力和钱，可还是连太阳花和仙人掌都养不活，太郁闷了！"一直以来，我们总觉得缺少一本简单的园艺操作手册，这也是我们写这本书的主要原因。在这本书里我们不会告诉你在室内种植十盆吊兰、绿萝就可以降低 30% 的室内甲醛浓度，实际上如果室内所有窗户都打开，半小时就可以降低 90% 的室内甲醛浓度。盆栽植物对于室内空气的净化确实有作用，但是效果是微乎其微的。我们也不会告诉你仙人球可以吸收电器的辐射，如果那样，那么你需要在屏幕前摆满仙人掌，直至完全看不到屏幕，才能达到防辐射的目的。

我们更多地是想通过本书告诉读者如何选择合适的植物、合适的方式装扮自己的家和社区，并通过科学、精心的养护营造一个和谐的现代社区园艺生活氛围。

开展现代社区园艺的意义

　　工作和生活中的体验进一步推动我们思考一个问题，我们的社区或者家庭为什么需要植物？为什么要在空余时间或者是工作时间（对于园林、园艺专业的从业人员）来从事现代社区园艺的种植、管理等工作呢？

改善室内外小环境

　　室内外的社区绿化建设可以改善环境质量，营造"绿色空间"。少量的绿化植物虽然不会对气候环境造成多大的影响，但在局部空间内还是可以对小气候环境有改善作用的，特别是一定量的室内绿化植物可以很好地改善室内局部环境。

营造室内气氛

室外园艺植物布局

　　利用植物可以协助形成室内外的空间风格，美化我们的居住和生活环境。现代城市居民大多对于植物软装的重视明显不如硬装，受传统观念的影响，宁愿花费巨资用于铺装墙体、地面，也很少会花费费用去种植绿化植物。值得欣慰的是，随着生活水平的提高，我们的观念也正在转变。这方面从高端地产的建设就可见一斑。

在都市生活中贴近自然。现代社区园艺可以让我们不出家门就感受到自然、绿色的氛围，可以嗅到植物的芬芳气息。当然，多陪家人亲近自然也是很好的园艺生活。

组织室内空间

对于室内或者庭院空间的园艺种植，我们可以通过不同方式的植物配置，对空间进行分隔、限定与疏导。例如，运用成排的植物将室内空间分为不同区域。

垂吊或攀附的植物可以成为分隔空间的绿色屏风，同时又可将不同的空间有机地联系起来。

我们可以运用植物组织庭院或者屋顶的游览路线，也可以运用植物将自然之景引入室内。

另外，我们还可以利用植物填充室内死角，以填补房间的空虚感，而且植物也能起到装饰作用。

调和室内环境的色彩

鲜艳的花色和叶色可以给人最直接、最强烈的印象。园艺植物的色彩多样且富于变化，可以充分利用园艺植物来丰富内外空间单一的色彩，同时还可以柔化

室内萱草景观

局部空间刻板的形态和形体，特别是室内的墙体、桌椅、冰箱等，经过枝叶、花朵的色彩点缀会显得更加灵动。

陶冶情操

现代人们越来越重视康体养生，并且开始在店铺、办公室或家里种植花草等植物，开展现代社区园艺可以更好地陶冶情操、提高工作效率和提升生活品位。无论何时，绿色植物都显示了蓬勃向上、充满生机的力量和希望。

充盈绿色，静心养身，可以在生活中增添一些生命力；关注生命，耐心培育，园艺就如忙碌生活中的那一点乐趣。

抒发情怀

长久以来，绿化植物不仅仅是观赏对象，还是人们表达情感、祈求幸福的一种载体。人们在家庭、社区中以植物的生长特点来寄托理想，并赋予其真善美的含义与幸福美好的象征。许多的植物都可以赋予一定的寓意，表达人的好恶，借以抒发人的感情，或融入自己的追求和梦想。

现代社区园艺使用的材料

植物

现代社区园艺所涉及的植物种类很多，按照严格的植物学分类，包括乔木、灌木以及各类草本的花卉、观赏草、多肉植物等。为了更好地理解，我们在此仅讨论各类开花或者观赏性较好的家庭常用植物，并以花卉统称。

【花卉的分类】

现代社区园艺适用的花卉种类多、范围广，不仅包括有花植物，还包括观叶植物、多肉植物、苔藓和蕨类植物等，其栽培应用方式也多种多样。因此由于依据不同，花卉有多种分类方法。

（1）根据花卉的实用性分类

根据花卉的实用性分类是从现代社区园艺的立场出发对花卉进行分类的方法，这里主要把花卉分成八个类群。

· 一年生、两年生草本花卉：一年生草本花卉是指在种子播种后一年内完成整个生育周期的花卉。两年生草本花卉是指在种子播种后两年内完成整个生育周期的花卉，如太阳花、三色堇等。

阳台上盆栽的太阳花和铜钱草

• 宿根草本花卉：是指两年以上生长周期的多年生草本花卉（球根花卉除外），如萱草、鸢尾等。

• 球根花卉：为多年生草本花卉的一种。其为了耐受干燥、低温等不良环境，在地下的部分形成特殊形态的肥厚状，并储藏了大量的养分。其可分为春植球根花卉和秋植球根花卉两种，如百合、朱顶红、铜钱草等。

• 木本花卉：为茎木质化、多年生长的观赏花卉，可分为有一根或少数几根主干的高大乔木以及较多分枝、较短树冠的灌木，如八仙花、牡丹等。

八仙花　　　　　　　　　　　　　牡丹

• 温室花卉：指在温带自然条件下，不能越冬或者越冬困难的草本或木本花卉，如在上海地区种植的三角梅。

• 观叶花卉：是指以叶片作为主要观赏对象的植物，其中有部分植物的花也有观赏价值，如凤梨科花卉。

• 兰科花卉：如兰花。其栽培种类不断增多，杂交品种更是数不胜数，如蝴蝶兰、兜兰等。

• 多肉植物：是沙漠气候型的植物，呈肉质，主要为仙人掌科及番杏科植物。

（2）根据花卉观赏的部位分类

• 观花类花卉：指重点观赏花色、花形的花卉，如菊花、月季、牡丹、中国水仙、大丽花、醉蝶花等，大部分花卉属于此类。

- 观叶类花卉：指重点观赏叶色、叶形的花卉，如变叶木、花叶芋、旱伞草、龟背竹、橡皮树、异叶南洋杉等。

- 观果类花卉：指重点观赏果实的花卉，如金橘、佛手、南天竹、观赏椒、乌柿等。

- 观茎类花卉：指重点观赏枝茎的花卉，如光棍树、山影拳、佛肚竹、竹节蓼、仙人掌等。

- 观芽类花卉：指重点观赏芽的花卉，如银柳等。

- 观根类花卉：指重点观赏根部形态的花卉，如金不换、露兜树等。

南天竹盆栽

- 观株形类花卉：指重点观赏植株形态的花卉，如龙爪槐、龙柏等。

（3）根据花卉开花的时间分类

- 春花类花卉：指2～4月开花的花卉，如郁金香、虞美人、玉兰、金盏菊、海棠、山茶花、杜鹃花、丁香、牡丹、碧桃、迎春、梅花等。

- 夏花类花卉：指5～7月开花的花卉，如凤仙花、荷花、杜鹃花、石榴花、月季、栀子花、茉莉等。

- 秋花类花卉：指8～10月开花的花卉，如大丽花、菊花、万寿菊、桂花等。

- 冬花类花卉：指在11月至次年1月开花的花卉，如水仙花、蜡梅花、一品红、仙客来、墨兰、蟹爪莲等。

【非常有必要知道的常见有毒花卉】

一些花卉外形美观或者颜色鲜艳，让人爱不释手，但是一定要知道，这些花卉可能是有毒的，所以，在养花的时候要稍加注意，小心养护，让养花成为轻松有趣的事情。

（1）夹竹桃

这种花卉的茎、叶、花朵、香气都有毒。如果长时间闻它的气味，就会让人昏昏欲睡、智力下降。它分泌的乳白色汁液，人误食后也会引起中毒。

（2）一品红

这种花卉全株有毒，特别是茎、叶里的白色汁液会刺激皮肤，引起皮肤红肿，从而导致过敏反应。误食其茎、叶会有中毒死亡的危险。

一品红

（3）虞美人

这种花卉全株有毒，内含有毒生物碱，尤其果实毒性最大，如果误食则会引起中枢神经系统中毒症状，严重的还可能使人有生命危险。

（4）南天竹

这种花卉全株有毒，误食后会引起全身抽搐、痉挛、昏迷等中毒症状。

（5）五色梅

这种花卉花、叶都有毒，误食后会引起腹泻、发热等症状。

（6）郁金香

这种花卉花中含有毒碱，在其旁边持续待上 2 ～ 3 小时，就会有头昏脑涨的中毒症状发生，严重的还会导致毛发脱落，所以家中不宜栽种这种花卉。

室外种植的郁金香

（7）杜鹃花

黄色杜鹃的植株和花，以及白色杜鹃的花均含有毒素，误食后会引起中毒，危及人的健康。

（8）水仙

家中栽种这种花卉一般没有问题，但不要弄破它的鳞茎，水仙的鳞茎中含有拉丁可毒素，误食会引起呕吐、腹痛、昏厥等症状；叶和花的汁液可引起皮肤红肿，特别注意不要把这种汁液弄到眼睛里，否则可能会导致失明。

（9）含羞草

这种花卉内含毒素，接触过多会使人眉毛稀疏、头发变黄甚至脱落。所以，不要过多地用手拨弄它。

（10）紫藤

这种花卉的种子、茎和皮都有毒，误食后会引起呕吐、腹泻，严重者还会口鼻出血、手脚发冷，甚至引起休克、死亡。

（11）仙人掌

这种花卉的刺内含有毒汁，人体被刺后会引起皮肤红肿、疼痛、瘙痒等过敏症状，严重的会导致全身难受、心神不定。

（12）花叶万年青

这种花卉的花、叶内含有草酸和天门冬素，误食后会引起口腔、咽喉肿痛及食管、肠胃炎症，甚至伤害声带，使人声音变哑。

花叶万年青

有毒的花卉植物还有很多，我们只是介绍了一些较为常见的种类。在购买花卉前，一定要先了解清楚它是否有毒及怎样规避，有小孩的家庭尽量不要购买，或者购买后把花卉放在小孩接触不到的地方。一些花香含有毒素的花卉也尽量不要购买，或者把它放在离人较远且通风非常好的地方。

【买花的小诀窍】

· 为了运输方便，花商从外地买进的花卉一般是不会带土球或带的土球很小，有些会人为地包上假土球。如果购买带土球的花卉，要注意观察土球是否过小，是否是假土球。一般随花带着的土球土壤不太板结，土内根系发达，如果是土球松散、根部发黑、须根少的花苗栽下后很难成活。

购买橡皮树、白兰、含笑、米兰、五针松等这些常绿花卉时，一定要选带土球的，否则买回去很难栽活。

不带土球的花卉，一般都是落叶花卉。购买时以挑选根系好、须根多、颜色呈浅黄色的为宜。

• 有些时候，花商会将还没有来得及腐熟的有机肥直接混入土壤中，这些肥料一旦发酵，花的根系就会被烧坏。在购买的时候要仔细观察，看盆土是否是新的，如果是新的就要慎重购买。也可以拔一下花卉，看其是否牢牢地长在盆里，如果花卉很容易拔动，就不要购买了。

• 有些花商会把不理想的花苗两棵或多棵合栽在盆中，看上去枝繁叶茂，但买回去没多久，枝叶就会一天天变瘦、变弱、变黄，花越开越小。这是因为盆内根系太多，空间狭窄，透气性不好，排水不畅，因此容易烂根。

如果不小心买到花苗萎蔫的花，可以把花苗分到多个盆里，精心培养，还可成活。

• 还有一些花商把植物的枝叶用细铁丝捆扎成各种漂亮的形状，包装成造型植物，如把松柏类常青树的枝叶绑成各种动物的形状。这种盆花当时看着好看，过不了多久，随着植物生长，原来的形状就会走样。而且像这样把植株枝叶捆扎起来，不仅会影响植株的光合作用，也容易产生病害、虫害，对植株的生长非常不利。

城市中大多数的人们空余时间少，可选择种植四季常青、容易养活的园艺花卉，即便工作繁忙忘记浇水，花卉也不会轻易枯萎。家庭养花的数目以多少为宜呢？家庭种植花卉，一般以盆栽为主。由于空间有限，家里不要种太多，一般以10～15盆为宜。

工具

现代社区园艺使用的工具相对较少、较简单。但是，在现代社区园艺中我们也不能忽视各类园艺工具，否则花卉栽种或养护起来就会费劲得多。只有园艺工具齐全了，才能更快速、方便、安全地开展现代社区园艺活动。接下来介绍几种常用的园艺工具。

园艺工具

【小铲子】

小铲子是用来移苗，挖坑，换盆，给花松土、配土等的工具。

【小镐】

小镐用于松土、翻土。我们也可以用小耙松土，甚至可以把家里的金属丝弯曲成耙状当作小耙使用。

【喷壶】

喷壶主要用来给花卉浇水，购买时要选择容积稍大一点的，以便保证有充足水量来浇灌花卉；喷壶嘴要长些，以方便浇灌；喷嘴最好可以拆卸，以便可以喷花和浇灌大盆花。

【枝剪、花剪】

枝剪用来修剪木本花卉或扦插繁殖。花剪用来修剪草本花卉或扦插繁殖。如果花卉枝干不是很粗，也可以使用家中普通的剪刀。

【喷雾器】

喷雾器用来给花卉喷药。不同喷壶和喷雾器最好分开使用，因为喷雾器中可能残留药物，不同药物对不同花卉的影响不同，如果用喷雾器给花卉喷洒药物后，再装水浇灌其他花卉，可能会影响其他花卉的生长。

【工作手套】

日常护理或栽种花卉时，要注意使用工作手套，以免手被肥料弄脏或者被刺扎伤。

【花架】

花架一般插在花卉旁，为蔓性花卉提供攀岩空间。它也可以用来支持花朵较大的花卉。

【小陶罐】

小陶罐用于储备一些碎鱼骨、碎蛋壳等，可以把小罐封闭起来，以免散发出异味。

在使用完这些工具以后，注意要妥善保存，像刀具之类容易对人体造成伤害的工具，要放到小孩接触不到的地方，最好备一个专用的工具箱或者工具房。

土壤

土壤是植物能够健康生长的重要因素，也是家庭园艺花卉生存的重要部分。植物的生长情况跟土壤的特性有密切联系。所以，我们不仅要了解花卉的生长习性，还要了解土壤的特性，合理地为不同花卉选择适合的栽培土壤。

一般家庭庭院中常见的土壤为黄土和黑土，而盆栽用的土壤包括腐叶土、腐殖土、园土、塘泥、泥炭土、河沙、珍珠岩、煤炭、苔藓、树皮、椰糠等。如果要在庭院内直接栽培花卉，应该先了解自家庭院的土壤特性，根据特性来购买适合栽种花卉。如果条件允许的话，也可以更换庭院内的土壤以满足花卉的生长需求。

盆栽花卉一般不使用泥土，而要是用园艺营养土。普通的泥土仅适合于田园的花卉栽培，由于在户外生长的花卉根系不受空间的限制，即使土质不是非常理想，花卉仍然可以正常生长。但是盆栽花卉的盆土选择有限，除了必要的营养物质以外，还要保证土壤正常的物理特性，植株才能正常生长和发育。营养土具有良好的持水性、透气性及保肥性，为花卉根系的健康生长提供理想环境。除此之外，营养土的酸碱度、含盐量、颗粒的粗细等都要保证在安全适当的范围内，并且要经过消毒处理，确保无病害、虫害，植株的生长才无后顾之忧。营养土假比重（指堆积在一定容积内的重量）适中，在稳固支撑花卉的同时又不会太重，操作、搬运都非常方便。如果泥土假比重较高，则不利于操作和搬运。盆栽花卉通常不单用一种栽培土壤，而是用两种或者两种以上的土壤按一定比例配制。在市场上可以买到配制好的营养土，不同厂家生产的营养土各有优劣，选择合适的最重要。

土壤板结

无论是在花盆内种植花卉还是在庭院中地栽，经常会遇到土壤板结的问题。土壤板结是由于土壤选择不当、浇水或施肥不当造成的。水中所含钙、镁等元素比较多时，就比较容易造成土壤板结；如果土壤本身含有较多的钙质，在施肥的时候又使用了硫酸铵等肥料，也很容易导致土壤板结。为防止土壤板结，主要应该做到以下几点。

（1）选择土壤

应该要保证土壤疏松透气、不积水，还能保湿。

（2）谨慎用水

给花卉浇水时要注意水质，不要给花卉浇容易导致土壤板结的水。如果要用自来水，那么在浇水之前要静置、晾晒之后再用。

（3）常松土

盆栽花卉需要常松土，如果不松土，土壤就会板结。在土壤比较干的时候，可以先松土再浇水，这样花卉也比较容易吸收水分。

（4）合理施肥

养花时注意不要过量施肥，施肥的时候要尽量少施。万万不能使用一些没有腐熟的肥料，应该多使用有机肥。有机肥分解时候不仅能提供养分，还能疏松土壤。

如果发现土壤板结的现象，除及时松土外，也可以更换盆土，还可以在土壤的表面施点干肥，干肥发酵之后就可以使土壤变得疏松了。

基质

在盆底、营养土里和土表都可以拌入基本营养土中的各种有益基质，以提升土壤的排水性和保肥功能。

（1）发泡炼石

发泡炼石应铺在花盆内的排水孔上方，可避免浇水时土壤过度流失。

（2）泥炭土

泥炭土呈褐色至黑色，质地很轻，为基本的营养土素材，盆土量不足时可以以此补充。

泥炭土

（3）珍珠岩

珍珠岩可以增加培养土的透气性，减轻盆土整体的重量，市场销售的营养土、基本培养土多半由泥炭土和珍珠岩混合而成。

（4）蛭石

蛭石可有效地将水分与肥料保留在土壤中使花卉慢慢吸收，即所谓的保水力与保肥力。

珍珠岩

蛭石

（5）椰糠

椰糠为浅棕色植物纤维，混入培养土中可增加土壤的疏松度和通气性，使花卉根部伸展顺利，并能减轻盆栽整体的重量。

肥料

【肥料的种类】

肥料是园艺花卉生长过程中必不可少的营养物质，对植物的发芽、开花、结果都有很大的影响。肥料可以通过腐熟发酵而成，也可直接去市场上购买配制好的肥料。

盆栽花卉的肥料通常分为有机肥料和无机肥料两大类。

（1）有机肥料

有机肥包括人粪、尿，禽畜类的羽毛、蹄、角和骨粉，鱼、肉、蛋类的废弃物，饼肥，麻酱渣，绿肥等。其含有丰富的氮、磷、钾及微量元素，肥效释放缓慢且持久。有机肥必须是经过充分腐熟发酵的肥料，生肥容易损伤花卉根系且易散发出臭味。

（2）无机肥料

无机肥俗称化肥，最好与有机肥混合施用，效果更好。无机肥分为氮肥、磷肥和钾肥等，氮、磷、钾是植物生长所需的基本营养元素。

- 氮肥：能促使枝叶繁茂，提高着花率。常见的氮肥有尿素、碳酸铵、碳酸氢铵、氨水、氯化铵、硝酸钙等。
- 磷肥：能使花色鲜艳、结实饱满。常见的磷肥有鱼鳞、鸡粪、过磷酸钙、钙镁磷肥等。
- 钾肥：能使根系长得健壮，增强花卉对病害、虫害和寒、热的抵抗力，还能增加花卉的香味。常见的钾肥有草木灰、硫酸钾、氯化钾、磷酸二氢钾、硝酸钾等。

【施肥的小妙招】

（1）中药渣可以作肥料

很多中药本身是由植物的根茎、花叶炮制而成的，含有丰富的有机物和无机物。植物生长所需的氮、磷、钾等元素，在这些中药里都有，用这类中药渣作为花肥，对花卉种

中药渣作肥料

植有很多益处，而且可以改善土壤的透气性。

欲将中药渣作肥料，须先将中药渣装入缸、钵等容器

内，拌进土壤，再掺些水，沤上一段时间，待药渣腐烂，变成腐殖质后方可使用。一般把这种肥料作为底肥放入盆内，也可以直接拌入栽培土中。当然，药渣肥不宜放得太多，一般掺入的量不要超过土壤总量的1/10，多了反而会影响花卉的生长。

（2）橘子皮可以减轻沤肥臭味

在肥料沤制有机肥时，常散发出难闻的臭味。这时在沤肥容器内放几片橘子皮（干、鲜均可），即可减少臭味。因为橘子皮里含有大量的香精油，可随着肥料的发酵过程不断地挥发出香味来，从而减轻臭味。同时，橘子皮发酵后也是一种不错肥料，可以增加肥效。

（3）啤酒喷花一举两得

养花最怕的就是虫害，喷药见效较慢，且可能污染环境，但啤酒能在虫子身上形成封闭膜，使它窒息而死。具体操作方法：用啤酒兑水，水∶酒为6∶1，喷洒植株一遍，要尽可能将各部位全喷到。第2天进行观察，如果虫子变成红棕色，一碰就掉，那它肯定已经死了。如果还有活的，就再喷一遍。连喷3遍后，基本可以解决虫害的问题。

啤酒也是一种很好的叶肥，喷点啤酒，植株能长得更有精神，还可提前开花，并使花朵增大、花色鲜艳、花香浓郁。

（4）小苏打溶液促使花开繁茂

花卉在含苞欲放之际，用万分之一浓度的小苏打溶液浇花，会促使花开繁茂。

（5）大蒜液变身杀虫剂

把大蒜捣成蒜泥，然后加水搅拌成浆状，取其滤液，用来喷洒花卉防治蚜虫、红蜘蛛和甲壳虫的效果很好，如果喷洒在地面或盆土表面，还可防治蚂蚁。辣椒、洋葱也有同样的功效。

（6）食醋治黄化病

茶花、杜鹃及观叶类花卉，往往因缺乏铁元素、盆土氢离子浓度（pH）过高、管理不当等而使叶子发黄，只需要用10克食醋加清水3千克，于10：00前、16：00后喷洒植物叶面。每10天1次，连续喷4～5次便可使其由黄变绿。

（7）家庭废水育花美

淘米水中含有蛋白质、淀粉、维生素等，营养丰富，用来浇花，会使花卉更茂盛。洗牛奶袋和洗鱼肉的水，都含有很高的营养成分，能促使花卉花繁叶茂。煮蛋的水含有丰富的矿物质，冷却后用来浇花，可使花卉长势旺盛、花色更艳丽且花期延长。煮面、煮肉剩下的汤和水稀释，然后用来浇花，也可以增加肥力，使花朵开得肥硕鲜艳。如果家中养鱼，鱼缸中换下的废水含有剩余饲料，用它浇花，可增加土壤养分，促使花卉生长；喝剩的茶水也可以浇花，有一定肥效。不过，茶水不宜浇如仙人球之类的碱性花卉，只适宜浇如茉莉、米兰等酸性花卉。

此外，将茶叶、蛋壳等直接扣在盆土上的做法是不科学的，剩茶叶容易发霉变臭，污染空气；而新鲜蛋壳扣在盆土上不雅观，残留的蛋清会流入土中，影响土壤透气性，并且蛋清发酵产生硫化氢，气味十分难闻。正确的做法应如同前面所讲的，将茶叶、蛋壳和土壤混合堆腐后使用，或者将蛋壳、茶叶干燥后使用。

【如何解决肥害问题】

由于经验不足，家庭栽培花卉因施肥浓度过高而产生肥害的情况经常发生。出现肥害的主要表现有地上部的枝叶迅速萎蔫，叶色黯淡；地下根系变色、腐烂。一旦发生肥害，可以采取以下处理方法。

（1）清洗根部并换盆土

立刻把受害的花卉脱盆，把其根部用清水洗干净，并剪去受害部分的根系，还要把萎蔫严重的枝叶剪去一部分。然后再彻底更换培养土，重新上盆，浇透水，并将其放

植物根部清洗

到阴凉处，不要让阳光直射，每天喷水 3 ～ 5 次保证植株上下水分平衡，直到花卉恢复正常生长为止。

（2）浇透水或浸泡

一些名贵花卉或根系娇嫩的花卉，不宜洗根换土，应该立刻对受害花卉连续浇水 2 ～ 3 次，确保浇透，以便排出盆中高浓度肥料。还可以把盆花放到流动的清水中浸泡 1 ～ 2 小时，水面要高于盆面 1 ～ 3 厘米，以便迅速降低盆土中的肥料含量。

花盆

室内外盆栽花卉，花盆质料和容积的大小对花卉生长影响很大，因此合理选用花盆甚为重要。理想的花盆应具有质

料轻、搬运方便，经久耐用、不易破碎，色彩、造型、厚薄、大小能适用花木生长的需要，有多种规格型号，价格低廉等特点。

【花盆的种类】

现在的花盆按制作材料的不同，可分为以下几种。

（1）瓦盆

一般种植花卉用瓦盆比用瓷盆好。瓦盆不仅经济实用，而且因盆壁上有许多细微孔隙，透气性、渗水性能都很理想，这对盆土中肥料的分解、根系的呼吸和生长都有好处。瓦盆的缺点是色彩单调、造型不美、表面粗糙、规格不多和易破碎等。通常新盆又比旧盆好。新盆不但透水耐涝，能够缓和肥效，而且吸热快，散热也快，昼夜温差大，这样有利于土壤中有机肥的分解。

（2）塑料盆

塑料盆质料轻巧，使用方便，不易破碎，经久耐用，盆壁内外光洁，不仅更换盆土容易，也易于洗涤和消毒。但塑料盆不透气、不渗水，只适用于栽种耐水湿的花卉，如旱伞草、龟背竹、马蹄莲、

各色塑料花盆

广东万年青，或较喜温的花卉，如蕨类、吊兰、紫鸭跖草、冬珊瑚、夜丁香等。塑料盆质软，如果担心盆壁易被土壤重量挤压破裂，可用锯末代替土壤栽种花卉，塑料盆是理想的

阳台养花的花盆。

（3）釉盆、瓷盆

用上釉的花盆栽植花卉，显得高端大气，但是花盆外壁涂有色釉，不透气渗水，不易掌握盆土干湿情况，尤其在冬季休眠时，常因浇水过多，而使花卉烂根而死。瓷盆由于外表美观，外形多样，一般可作为花卉陈列的套盆使用。

（4）泥盆

泥盆具有很好的排水透气性，盆口较浅、口径大，但是质地较差，色彩暗黄，容易破碎，一般用于花卉的育种或培植。因为该类花盆易碎且不美观，不适合养护成熟的花卉。

（5）紫砂盆、陶盆

紫砂盆排水性较差，透气性也不太好，但外观造型多样，适合栽种室内的中小型名贵花卉。陶盆有一定透气性，但如果陶器外边是上有彩釉的，虽然美观，但其透气性会降低。

（6）玻璃盆、水泥盆

玻璃盆多用于养殖水生花卉。水泥盆色彩多样，造型多，比较沉重，不易挪动，适合用于永久性固定盆栽。

除以上这些花盆之外，还有些植物的硬质外壳，如椰子、葫芦等，通过加工可制作出各种外形美观的花盆供家庭园艺使用。花盆的选择还要注意其高度和宽度，要和植株的高矮、根系的大小和深浅相适应。一般花盆的深度和宽度的比例为1∶1，也有些花盆深度小于宽度的1/3，这样的花盆多用于栽培浅根或矮生植物。此外，花盆的外形和色彩也要与植株相适应。

玻璃盆植物组合

植物与花盆的搭配

【花盆的浸润方法】

新花盆由于烧制比较干燥，会出现与植物抢水的情况；长时间搁置不用的花盆也会附着很多土壤和原植株的病毒和细菌，如不进行浸润和杀菌消毒，种下的植物易受病、虫侵害，因此都需要彻底消毒、浸润后才能使用，以降低植物的发病率。具体方法为：首先将花盆浸泡在清水中，然后放入一粒高锰酸钾消毒片。高锰酸钾是强氧化剂，有杀菌、消毒、病前预防的作用，一般药店都有出售。高锰酸钾消毒片溶化后，将溶液搅拌均匀，溶液一定要漫过花盆。1小时后将花盆取出，用清水冲洗干净即可。

【上盆、换盆、松土】

植物在生长过程中因为植株逐渐长大或者盆土变劣，所以要经历上盆、换盆的过程。在日常管理中，给植物松土也有利于植株的良好发展。

（1）上盆、换盆

把植物小苗从育苗床或盘中移入花盆的过程称为上盆。

在现代社区园艺中，我们更多的是需要换盆，换盆就是把植物从旧盆换到新盆中来。随着植株的生长，原来的盆可能空间太小，无法使它继续生长，或者因为长期施肥或浇水，盆中的土壤已经变劣，不适合花卉的生长。遇到这些情况时，都应该换盆。

那么，如何判断植株什么时候需要换盆呢？

• 从植物的长势上看，植株生长变得缓慢或者停止生长；叶子变黄，有落花现象，并且开花时间变短；盆底的排气孔中有根系伸出；松土时植物的根系已经明显阻碍工具；浇水很快就干，这些迹象表明，花盆太小，植物根系可能已经出现了缠绕现象，影响到了植株的正常生长。

• 从土壤状况上来看，出现土壤板结，透气性变差；浇水时不容易渗透，容易溢出，这些表明土壤已经变劣，此时应该换盆。

• 还有些植物是要定时换盆的，如宿根草本花卉应该每年换 1 次盆，木本花卉应每隔 2 ～ 3 年换 1 次盆。大多数花卉最适合换盆的时间是在天气比较暖和的早春或是秋季。常绿花卉则以在梅雨季节换盆为宜。花卉正在生长、形成花朵或开花的时候不适合换盆。

换盆前，要准备好培养土和相应的花盆，以及手套或者小镐等工具。如果使用的花盆是陶制的新盆，要提前浸润水；如果使用的花盆是旧盆，就要做好消毒措施。准备换盆的植株要减少浇水或者停水 2 ～ 3 天，待盆土稍干时可以一手握着植株，一手轻敲盆底和盆壁，使盆土和盆壁分离，把植株和土团一同取出。如果在盆土潮湿时拔出植株，盆土容易脱落，导致植株根部裸露，并且在拔花时的阻力增大，容易损伤根部。

植株取出后将土团去掉一半左右，剪去烂根、老根、死根，并将周围的土壤疏松。在花盆底部放上纱布，再放上新土，把植株放在中央，向花盆内填土，填完后压实。如果花盆是陶制的，最好在盆底放上一些碎瓦片，以利于排水。塑料花盆下边有很多排水孔，可以不放碎瓦片。

换盆后，第一次浇水要浇透，等盆土干透后再适量浇水，在等待盆土干透期间，可以向叶和花喷水，放在通风良好的阴凉处1周左右即可。

换下来的旧土土质已经变坏，土中养分已经基本耗尽，保水性、透气性等也已经不能满足植物的生长需求，还可能有病害、虫害，容易传染到其他植物中，如果想继续使用则应该将其彻底消毒，并拌入富含养分的有机质和腐叶土等增加土壤的养分，浇透水，再放置2周后使用。

（2）松土

盆栽花卉的松土也很重要，适时松土可以防止盆土板结，盆土板结可影响盆土的透气性和透水性，所以要经常松土。但如果松土不慎，很容易给花卉根系造成伤害，以下介绍松土的主要方法：

· 先用竹签沿着盆沿把土挑松，挑的过程中要不断转变方向，以免伤害花卉根系。

· 一只手握住花盆，另一只手不断地拍打花盆壁，均匀地拍打数圈，使花盆中的土壤变松散。

· 用钉耙疏松表层土壤。

· 用一次性筷子插入盆土中，顶到盆底的排水孔，把盆土顶松后，多次浇水，每次浇水不要多，等土壤湿润之后用竹签或钉耙进一步疏松表面盆土。

现代社区园艺场地的选择

现代社区园艺的主要场地包括室内、阳台、庭院和屋顶四大场所。对现代社区园艺进行绿化植物的种植设计时，功能性要求主要考虑以下三个方面：对空间进行合理划分、艺术化处理和氛围营造。园艺植物的配置主要是丰富植物种类和绿化布局形式，其中植物的选择还要考虑其生态习性。

室内

【室内环境的园艺布局】

美，是室内绿化装饰的重要原则。室内园艺植物的布局应该通过艺术性的设计，明确主题、合理布局、分清层次、协调形状和色彩，才能收到清新明朗的艺术效果，使绿化布置很自然地与室内装饰艺术联系在一起。

绿化植物与室内空间的融合

（1）对称均衡

对称均衡的布置如在走廊两侧等摆上同一品种、同一规格的花卉，会使走廊显得规则整齐、庄重严肃。与对称均衡相反的是家庭室内绿化自然式的不对称均衡。例如，在客厅沙发的一侧摆上一盆较大的花卉，另一侧摆上一盆较矮的花卉，同时在其邻近花架上摆上一盆悬垂花卉。这种布置虽然不对称，但却给人以协调感，视觉上认为两侧重量相当，仍可视为均衡。不对称均衡的布置使室内显得轻松活泼，富于雅趣。

案头植物景观

（2）比例适度

花卉的形态、规格等要与所摆设的场所大小、位置相配套。例如，客厅等空间大的位置可选用大型植株及大叶品种，以利于花卉与空间的协调；小型居室或茶几案头只能摆设矮小植株或小盆花卉，显得优雅得体。

（3）色彩协调

室内绿化装饰的形式要根据室内的色彩状况而定。例如，以叶色深沉的室内观叶类花卉或颜色艳丽的花卉做布置时，背景底色宜用淡色调或亮色调，以突出布置的立体感；居室光线不足、底色较深时，宜选用色彩鲜艳或淡绿色、黄白色的浅色花卉，以便取得理想的衬托效果。陈设的花卉也应与家具色彩相互衬托。例如，清新淡雅的花卉摆在底色较深的柜台、案头上可以提高花卉色彩的明亮度，使人精神振奋。

（4）形式和谐

花卉的姿色形态是室内绿化装饰的第一特性，它将给人以深刻的印象。在进行室内绿化装饰时，要依据各种花卉的姿色形态，选择合适的

形式和谐的室内植物组合

摆设形式和位置，同时要注意与其他配套的花盆、器具和饰物搭配谐调，力求做到和谐相宜。例如，悬垂花卉宜置于高台花架、柜橱或吊挂高处，让其自然悬垂；色彩斑斓的花卉宜置于低矮的台架上，以便于欣赏其艳丽的色彩；直立、规则的花卉宜摆在视线集中的位置；空间较大的中心位置可以摆设丰满、匀称的花卉，必要时还可采用群体布置，将高大花卉与其他矮生品种摆设在一起，以突出布置效果等。

【室内空间的植物布局】

（1）门厅

门厅是指居室的入口处，包括走廊、过道等。门厅的装饰要给人以先入为主的印象和感觉，此处的绿化装饰大多选择体态规整或攀附为柱状的花卉，如巴西铁、一叶兰、棕竹、万年青等，高身大叶，既美观又富有朝气；也可以结合入口装饰选用吊兰、蕨类植物等，采用吊挂的形式，这样既可节省空间，又能活泼气氛。

摆在玄关的最好是大型常绿观叶类花卉，如铁树、兰花。多肉植物组盆像挂画一样放置在玄关也是不错的选择。总之，该处绿化装饰选配以叶形纤细、枝茎柔软的花卉为宜，以缓和空间视线。

（2）客厅

客厅是日常起居的主要场所，也是接待宾客的主要场所，具有多种功能，是整个居室绿化装饰的重点。客厅绿化装饰要体现盛情好客和美满欢快的气氛，植物配置要突出重点，切忌杂乱，应力求美观、大方、庄重，同时注意应与家具的风格及墙壁的色彩相协调。

客厅植物布置

客厅要求气派豪华的，可选用叶片较大、株形较高大的发财树、巴西铁、散尾葵、垂枝榕、黄金葛、绿宝石等；客厅要求典雅古朴的，可选择以树桩盆景为主景。但无论以何种花卉为主景，都可以在茶几、花架、邻近沙发的窗台等处配上一小盆色彩艳丽、小巧玲珑的观叶类花卉，如凤梨、孔雀竹芋、观音莲等；必要时还可在几案上配上鲜花或当季时令花卉。这样组合既突出客厅布局主题，又可使室内四季常青，充满生机。

客厅中的花卉应以高低错落的形态去丰富室内的条框，软化硬朗的线条。有些植物还能规避空间的既有瑕疵，常春藤等枝蔓低垂的花卉可以降低高挑的空间所带来的疏离感；较低矮的房间则可利用植株较高的仙人掌、观叶类花卉，增加垂直空间感。

（3）书房

书房作为室内工作和会晤客人的场所，绿化装饰宜明净、清新、雅致，使人入室后就可以感到宁静、安谧，从而专心致志。所以，书房应该选择文雅、有韵味的花卉，植物布置不

书桌上的文竹

宜过多，不宜过于醒目，要选择色彩不耀眼、体态较一般的花卉，体现含而不露的风格。

一般可选择风信子、茉莉、绿萝、常春藤等比较素雅的花卉。可在书桌上摆设一盆轻盈秀雅的文竹、网纹草、合果芋等绿色植物，以调节视力，缓解疲劳；可选择悬垂花卉，如黄金葛、常春藤、吊竹梅等挂于墙角，或自书柜顶端飘然而下；也可选择一个适宜位置摆上一盆攀附型花卉，给人以积极向上、振作奋斗之激情。

（4）卧室

卧室的主要功能是睡眠休息，所以卧室的植物布置应围绕休息这一功能进行，通过植物装饰营造一个能够舒缓神经、解除疲劳，从而使人松弛的环境。同时，由于卧室家具较多，空间显得拥挤，所以植物的选用以小型、淡绿色为佳，如米兰、含笑、紫罗兰等。如果空间许可，也可在地面上摆放造型规整的花卉，但应该避免花粉过多且花

卧室的床头植物

香刺激的花卉，如百合等。对于不习惯卧室内有过多鲜花芳香的人来说，君子兰、文竹、多肉植物等是很好的选择，它们给人以柔软的视觉感受，可松弛神经。尤其是多肉植物有莲花座状的老桩，从而有鲜花繁复华丽的效果，与朴素的柜面及器皿相衬，复古中又混合着生动。

（5）餐厅

餐厅是家人、宾客用餐或聚会的场所，装饰应以甜美、

餐厅一角绿化

洁净为主题，可以适当摆放色彩明快的室内观叶花卉。考虑到节约面积，餐厅可以以立体装饰为主，所选的花卉株型宜小。

餐桌一般较为简约，没有太多复杂的装饰，直线条的桌面可选用一些圆形线条或常春藤等枝蔓植物来打破规则感；也可在周边多层花架上陈列几株小巧玲珑、碧绿青翠的观叶类花卉，如观赏凤梨、豆瓣绿、龟背竹、百合草、孔雀竹芋、文竹、冷水花等；也可在墙角摆设体态清楚的观叶类花卉，如黄金葛、荷兰铁等，使人精神振奋，从而增加食欲。

（6）厨房

厨房是湿度、油烟都比较大且零碎物品较多的室内空间，建议放置具有除尘功能的植物，不宜放株型高大的盆栽，可选择吊挂盆栽、水培植物或其他小型粗陶盆器盛放的绿色植物放在厨房。

建议选择秋海棠、绿萝、冷水花、吊兰、观赏辣椒、虎尾兰等适应性较强、易成活的花卉，切勿选择有毒或花粉过多的花卉。

（7）卫生间

卫生间为室内湿度最大、光照较少、通风不良的室内空间，宜放置适应性强、喜阴喜湿的花卉，或有吸潮、杀菌作用的绿色观叶类花卉，如吊竹梅、肾蕨、吊兰、合果芋、常春藤、虎尾兰等，可以水培的绿萝也是不错的选择。

【植物的格调】

植物装饰设计须充分考虑与居室整体风格和谐统一。根据各个房间功能的差异和使用者的不同，选用不同格调的植物，形成相应的主题和风格。

（1）龟背竹

龟背竹株型优美，叶片形状奇特，叶色浓绿且富有光泽，是高格调的绿色植物。

（2）琴叶榕

琴叶榕亭亭玉立，出类拔萃，美丽的身姿宛如提琴一般优雅。

（3）橡皮树

橡皮树叶子厚大，看上去憨厚老实，可以给家里带来几分古朴的气息。

（4）巴西木

巴西木是颇为流行的室内大型盆栽花卉，尤其适合摆放在较宽阔的客厅、书房、起居室，其格调高雅、质朴并带有南国情调。

此外，运用植物在文化心理中的不同内涵，结合装修和家具、陈设，能更好地烘托出独特的室内装饰风格和文化氛围，体现出主人的审美和品味。

（1）金琥

金琥是阳气很重的植物，其刺硬、个大，易于存活，常作"镇宅之宝"。

（2）蝴蝶兰

蝴蝶兰鲜艳亮丽，花开似蝴蝶，寓意一帆风顺。

（3）富贵竹

富贵竹节节升高，形态工整，生机勃勃。

富贵竹

（4）发财树

发财树寓意吉祥，吸收灰尘和尼古丁的作用明显。

（5）文竹

文竹清新淡雅，疏密青翠，寓意朋友纯洁的心永恒不变，也是爱情天长地久的象征。

【室内植物的选择】

室内阳光不足，适合选择耐阴植物适宜在室内生长，常见的耐阴植物有龙血树、绿萝、龟背竹、仙客来、蕨类植物、橡皮树、常春藤、一叶兰、君子兰等。比较耐阴的植物有南洋杉、变叶木、文竹、吊兰、天门冬、凤梨、富贵竹、袖珍椰子等。

盆栽式植物应选择根系浅小的植物，如凤尾竹、非洲堇、虎耳草、球根花卉、仙人掌科植物等。

易于管理的室内绿色植物有多肉植物、虎刺梅、碰碰香等；能够吸收室内有毒化学物质的植物有芦荟、吊兰、虎尾兰、一叶兰、龟背竹等；能驱蚊虫的植物有蚊净香草、除虫菊；能杀菌的植物有玫瑰、桂花、紫罗兰、茉莉、柠檬、蔷薇、石竹、铃兰、紫薇等。

阳台

【阳台的植物布局】

阳台是楼层居室中仅有的户外活动空间，在阳台上种植园艺植物能陶冶情操、美化居室环境。阳台经过改造还可以成为人们户外休息、聚谈甚至就餐的场所，是城市居民生活中不可或缺的重要组成部分。阳台所处的方位、光照角度可以作为种植阳台园艺植物的参考依据。

阳台绿化植物

（1）北阳台

北阳台一年中受光照较少，由于日照条件不足而多适合耐阴植物的种植。北阳台冬季由于温度偏低，基本上不适合养花。

适合在北阳台种植的植物有万年青、玉簪、紫萼玉簪、富贵竹、文竹、龟背竹、含笑、蕨类植物、绿萝、四季海棠、吊竹梅、鸭跖草、吊兰等。

（2）南阳台

南阳台一年中受光照的范围最广，接受日照的时间也长，由于光照强度大，植物仅靠散射光就能长得很好，因此大部分植物都适合在南阳台种植。喜欢强光的植物应离阳台玻璃近一些，喜欢弱光的植物可以离阳台玻璃远一些。

南阳台可种植多肉植物，如宝石花仙人掌、仙人球等，喜阳植物还有如矮牵牛、旱金莲、半枝莲、夜来香、月季、石榴、六月雪、一串红、铁树、长春花、天竺葵、薄荷、迷迭香、酢浆草、茉莉、彩叶草、凤仙花、五色椒、石榴等。

（3）西阳台

西阳台属于半日照环境，上午没有阳光直射，稍微阴凉，下午的阳光比较毒辣，有3～4小时强烈日照，日晒问题严重。如果住在高层，有时候还会受到强风干扰，让植物失水。所以西阳台的环境是最复杂的，一般选择阳生、旱生的植物种植。西阳台适合种植的植物有长寿花、变叶木、大花马齿苋、仙人掌、芦荟、长春花、龟背竹、绿萝、常春藤、吊兰、龙舌兰、君子兰、巴西木、三角梅等。

（4）东阳台

东阳台（露台）接受日光照射时间比较短，适合摆放短日照花卉。东阳台适合种植的植物有蟹爪兰、杜鹃花、山茶花、君子兰等。

总体来看，除了北阳台外其余3个方位阳台都适合养花。植物的选择要根据阳台的朝向以及本地的气候条件、花卉品种的习性来决定。

【阳台植物的养护】

（1）水和空气

阳台通风条件好、空气干燥，所以要注意勤浇水并向叶面和地面喷水。阳台宜选用较大的花盆，较大的花盆可以盛较多的土壤和水分，且不易干，也可把花盆放在一浅水盆中，水可以通过毛细管源源不断地向植物供应。还可以在阳台放一盆水，使其自然蒸发，从而改善阳台上的"小气候"。

一些盆栽木本花卉如石榴、紫薇、海棠等不宜多喷水，因为喷水会引起枝叶徒长，从而影响姿态美观。

（2）温度

阳台多是铺装地面和墙壁，阳光照射时，由于铺装面的反射，局部温度升高，特别是朝西的阳台，太阳西晒时温度明显升高，对植物生长不利，因此可在阳台上洒水，水分蒸发时可带去一部分热量。

（3）风

植物生长需要流动的空气，然而过强的风往往会对植物造成伤害。所以在风太大时，可适当在阳台增加防风板。

【阳台植物的配置】

（1）悬垂式

悬垂式有两种方法，一是悬挂于阳台顶板上，用小巧的容器栽种吊兰、蟹爪莲、彩叶草等，从而美化立体空间；二是在阳台栏沿上悬挂小型容器，栽植藤蔓或披散型植物，使其枝叶悬挂于阳台之外，美化阳台和街景。

（2）藤棚式

藤棚式是指在阳台上设置棚架；或在阳台的外边角利用纤绳或竹竿等形成类栅栏的东西，使葡萄、瓜果等蔓生植物的枝叶牵引至架上，形成荫棚或荫篱。

（3）附壁式

附壁式是指在围栏内、外侧放置爬山虎、凌霄等木本藤蔓植物，绿化阳台围栏及附近墙壁。

（4）花架式

较小的阳台可利用阶梯式或其他形式的棚架进行立体绿化布置，也可将棚架搭出阳台之外，向户外要空间，从而加大阳台绿化面积，美化街景。

（5）综合式

将以上几种形式合理搭配，综合使用，也能起到很好的美化效果。综合式在现实生活中的应用也比较普遍。

综合式阳台植物配置

庭院

对于一些带有庭院的家庭而言，庭院是最适合布置绿化的空间，充分利用可以将其打造成一个私家小花园。理想的庭院绿化不仅仅只是居住环境的美化，更是庭院主人的精神寄托，应能做到"足不出户可享山林之趣"。因此，庭院的园艺布置应考虑家庭的需求和主人的情趣爱好，从而创造一个"美、舒、逸"的庭院生活空间。

庭院的园艺布置还应该考虑到私密性，通过植物搭配，把庭院内的景色与外界隔离，从而形成一个远离喧嚣、闹中取静的空间。

【庭院的植物布局】

（1）中式庭院

受传统文化的影响，中式庭院的植物景观善于寓意造景，园艺植物常与比拟、寓意联系在一起，一方面选择能寄托人情感的花卉，另一方面庭院主人常利用植物的形态和季节变化，表达一定的思想感情或形容某一意境，如玉兰、海棠、迎春、牡丹、桂花象征"玉堂春富贵"。中式庭院的园艺植物多以自然型为主，

中式庭院

植物的姿态和线条以苍劲与柔和相配合为多，以自然式树丛为主，种植竹、菊、松、桂花、牡丹、玉兰、海棠等庭院花卉来烘托气氛，使情景交融。

中式庭院的园艺植物布局注重花木色彩、季相特征，变化相比新中式较为丰富。而现在的一些新中式景观多以绿色作为主基调，营造的是现代、简洁而又富有意境美的氛围，植物选择多以枝杆修长、枝叶飘逸、花小色淡的种类为主，如竹、水石榕、垂柳、桂花、芭蕉、迎春等，从而营造出简洁、明净、富有中国文化意境的植物空间。

（2）日式庭院

日式庭院设计源于中国文化，在对中国山水庭院的模仿中逐步演化出自己的特色，就是我们熟知的"枯山水"。日式庭院布局特别强调置石、白沙、石灯笼和石钵的应用。日式庭院内不将园艺植物限制在花坛之内，营造出葳蕤的效果，

而实际采用的植物数量并不多，植物的位置都经刻意安排，呈现出浑然天成之感。植物选择多以针叶乔木和常绿灌木为主要绿色背景，追求一种自然营造出的意境。

日式庭院

（3）欧式庭院

欧式庭院设计风格有意大利台地园式、法式水景院、荷式规则院、英式自然院等，欧式庭院善用花坛水景，可规则可自然，注重花卉的形色味及花期等，观叶类花卉在欧式庭院中应用较多，可以形成强烈的对比，从而增添花坛的明快感。

【几种庭院风格】

（1）简约式

若家人工作繁忙，无暇管护庭院的植物，则可将植物与其他材料相互搭配，建造一个不必经常维护的花园。例如，增加庭院的铺装面积，既可增加活动空间，又可以少种一些植物，节省养护人工。

简约式庭院

在选择庭院植物时可多用叶子质地硬厚、可粗放管理的品种，如石菖蒲、麦冬、鸢尾等，并以合理的色彩搭配使庭院更富生机，这样不但景观效果好，还能减少对植物进行修剪、浇水或施肥的工作量。

（2）自然式

在中小庭院中可以种植自然式树丛、草坪或盆栽花卉，尤其是低矮、平整的草坪能供人活动，更具亲切感，还会使庭院空间显得比实际更大一些。在庭院的角落和边缘，或道路的两侧和尽头栽植各种多年生花丛，使其高矮错落有致、色彩艳丽、对比强烈，形成花径、花丛，景观效果好。留下的空间可铺设地坪，放置摇椅、桌凳、阳伞等，供人休息、小憩。植株低矮的花丛式的布置可让人感到空间比实际面积大，有较好的活动和观赏效果。

（3）规则式

如果有足够的时间和兴趣定期、细致地养护庭院中的植物，可选择规则式的布局方法，将一些耐修剪的黄杨、石楠、栀子等植物修剪成整齐的树篱或球形，既体现主人高超的技艺，也使环境更加华丽和精致。尤其在欧式庭院中，应用规则式的整形树木是更好的一种选择，无论大庭院或小局部都可以根据实际情况，因地制宜地采用这一风格。

规则式庭院

【庭院植物推荐】

（1）叶木类植物

绝大多数叶木类植物的叶片在生长状态时是绿色的，但在色度上深浅不同，在色调上也有明暗、偏色之异。这种色度和色调的不同随着一年四季的变化而不同。例如，垂柳初发叶时由黄绿逐渐变为淡绿，夏秋季为浓绿。春季银杏叶为绿色，到了秋季则为黄色，槭树类叶子在春天先红后绿，到秋季又变成红色，这些植物的叶色随季节的不同而变换色彩，使人们感受不同季节时空的变换。

- 叶色黄的植物：金叶榆、金叶女贞、黄金槐等。
- 叶色红的植物：槭树、红叶椿、黄栌、火炬树等。
- 常年观色植物：红枫、紫叶小檗、金叶女贞等。

红枫

（2）花木类植物

花木类植物的花朵色彩缤纷、美丽诱人。其在开花时节绽放姿态各异和大小不同的花朵，吸引着人们的目光。

- 开红色花朵的植物：红玉兰、红枫、枫香、百日红、红王子锦带等。

· 开黄色花朵的植物：连翘、棣棠、黄刺玫、黄菖蒲等。

· 开白色花朵的植物：白玉兰、天女木兰、梨树、厚朴、大花溲疏等。

· 开蓝紫色花朵的植物：泡桐、二乔玉兰、丁香、紫藤、胡枝子等。

（3）果木类植物

果木类植物果实的色彩如花卉一样丰富多彩，果实的色彩效果多为点状色彩，饱和度较高。

常见的果木类植物有以下 3 种：

· 色泽醒目的植物：天目琼花、海棠、构骨、大果冬青、山楂等。

· 形状奇特的植物：柚子、佛手、刺梨、石榴、木瓜、罗汉松等。

· 数量繁多的植物：火棘、荚蒾、金柑、南天竹、葡萄、石楠、枇杷等。

（4）蔓木类植物

蔓木类植物的茎枝容易伸长，地上部分多不能直立生长，通常会匍匐地面或借助吸盘、卷须、勾刺、茎蔓或附根攀附在其他植物或墙体上生长，没有一定的高度。蔓木类植物有以下几类。

· 缠绕类植物：紫藤、金银花等。

· 攀缘类植物：凌霄、络石、常春藤、扶芳藤、薜荔、地锦、葡萄、西番莲、铁线莲等。

（5）竹类植物

竹类植物是多年生木质化植物，挺拔修长，亭亭玉立，婀娜多姿，四季青翠，凌霜傲雨，备受中国人民喜爱。布置庭院常用的竹类植物有毛竹、紫竹、方竹、刚竹、凤尾竹、孝顺竹、佛肚竹、菲白竹、黄金碧玉竹等。

【庭院植物的配置】

（1）贵精不贵多

庭院植物配置务必以简洁点缀取胜，以孤植和二四株丛植为主，孤植花木主要显示植物的个体美，丛植一般布局呈不等边三角形。

（2）月月有花，季季有景

- 春：梅花、樱花、海棠、迎春、芍药。
- 夏：荷花、广玉兰、紫薇、萱草。
- 秋：桂花、木芙蓉、红枫、乌桕、枫香。
- 冬：蜡梅、松、柏、竹。

（3）色彩配置

庭院植物色彩配置表现形式一般以对比色、邻补色、谐调色体现较多。对比色能产生对比的艺术效果，给人强烈醒目的美感，而邻补色就较为缓和，给人以淡雅和谐的感觉，以红、黄、蓝或绿、紫、橙二次色配合均可获得良好的谐调效果，而白色可以达到扩大面积的视觉效果，这在庭院植物配置中的应用已十分广泛。

绿色生机勃勃，春意盎然，无论是从色调，还是从造型上都是丰富多姿的。其在带来新鲜气息的同时，也为人们送来荫凉。在隐蔽地区使用柠檬绿和黄绿色可为幽暗的空间增添更多光彩，削弱黑暗给人造成的压迫感。

红色热烈奔放，充满激情和力量。红色与绿色植物搭配绝对会让你备感亲切自然。红色容易吸引人们的注意，因此，最好将其安排在中间位置，而不要设置在隐蔽的角落边沿或距离视线较远的地方。

黄色亮丽夺目，浮现出雍容华贵之感。黄色同

绿色为主的庭院配置

样是非常醒目的颜色，但是却会使人紧张不安、情绪躁动。因此，很少会有人将其大量应用在花园内，一般多作为色彩点缀。

白色洁净素雅，可舒缓浮躁、喧闹之感，唤起人们对和平心态和简单生活的渴望。小型的白色花朵在与其他色彩组合时，可以起到提升局部景致的作用；而大片白色植物的使用，将给人强烈的冲击感。

蓝色给人安静深邃的感觉。与其他色彩相比，蓝色更加需要与其他色调进行搭配，如在其中零星栽种深红色植物，或与带状杏黄色或浅黄色花卉间植，或在旁边栽种大片白色花卉进行对比，从而形成非常醒目的景致。

现代社区园艺植物的养护

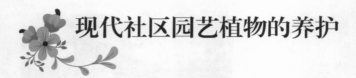

植物的肥水管理

【施肥】

（1）施肥步骤

施肥分为基肥和追肥两步。

植物施肥

· 基肥：指在种植花苗前施入土壤中的肥料，露地栽种花卉，先在土壤中拌入基肥，然后覆土栽苗；室内盆栽花卉，可在盆土底层放入基肥，如豆饼、鱼骨粉等。

· 追肥：指在花苗生长季节追施的肥料。露地花卉，可在花苗四周施干肥，而后浇水，也可直接灌稀粪；盆栽花卉可以在盆土表面洒干肥沫，然后松土、浇水。

（2）施肥原则

施肥要适时、适量，同时还要掌握季节和时间。一般来说在植物生长季节施肥，尤其叶色淡黄、植株细弱时施肥最佳；苗期宜施全素肥料；花果期以施磷肥为主；处于休眠期的花卉停止施肥；观叶植物以施氮肥为主。

此外，还要掌握薄肥勤施的原则，即"少食多餐"。花苗生长期最好10天左右施用一次稀薄肥水，傍晚施肥效果最佳，中午前后忌施肥，因为土温高易伤根。

（3）注意事项

施肥要注意植物的种类，不同种类的植物对肥料的要求不同。例如，桂花、茶花喜动物粪便，忌人粪尿；杜鹃花、茶花、栀子等南方花卉忌碱性肥料；需要每年重剪的植物需加大磷肥、钾肥的比例，以利于萌发新的枝条；观叶类花卉，可偏重于施氮肥；大型观花类花卉如菊花、大丽花等，在开花期需要施适量的完全肥料，才能使所有花都开放，并且可以使花形美色艳；观果类花卉，在开花期应适当控制肥水，壮果期宜施充足的完全肥料，才能达到预期效果；球根花卉，应多施些钾肥，以利球根充实；香花类花卉，进入开花期时应多施些磷肥、钾肥，促进花香味浓。

冬季气温低，植物生长缓慢，大多数植物处于生长停滞状态，一般不宜施肥；春、秋季正值植物生长旺盛时期，根、茎、叶增长，花芽分化，幼果膨胀，均需要较多肥料，应适当多施些追肥；夏季气温高，水分蒸发快，又是植物生长旺盛时期，施追肥浓度宜小，次数可多些。

施肥时一般要掌握"四多、四少、四不"原则，即黄瘦多施，发芽前多施，孕蕾多施，花后多施；苗壮少施，发芽少施，开花少施，雨季少施；徒长不施，新栽不施，盛暑不施，休眠不施。

应当注意的是，不管选用何种家庭园艺肥料，都必须挑选由正规厂家按相关生产标准生产、通过行业主管部门批准并获得肥料登记的产品。这类产品大都标明了养分含量、适用范围及生产厂家的详细地址、通讯方式，可放心购买。

（4）花卉叶面施肥要点

• 喷施部位：叶面喷施要注意叶片的着生部位。因为幼叶处于发育期，其光合作用和吸收传导功能都比成熟的叶片弱，所以叶面施肥要以花卉枝条中部的叶片为主，枝条中部叶片的新陈代谢最旺盛，对肥液的附着力和吸收能力强。

• 喷施时间：不同季节应选择不同时间喷施，一般在气温为 18 ～ 25℃ 时喷施为好，叶片吸收快。夏天，最好选择傍晚，因为此时溶液中的水分不会很快蒸发，并且水分子是携带养分进入叶内的。花卉正值开花期不要施用，以防肥害。

• 添加黏着剂：园艺植物养护时，可在溶液中加入中性洗衣粉，以增加溶液在叶片上的附着力，提高吸收效果。

• 合理混喷：为节省用工，叶面喷肥可与杀虫剂、杀菌剂一起喷施。但要注意药剂的酸碱性，不能引起化学反应从而使肥效和药效遭到破坏。

【浇水】

水是生命之源，植物的生长离不开水，但是并不是所有的植物都特别需要水，水过多也会对植物造成危害。因此，要根据不同植物的需水量来合理浇水。

（1）不同需水量的植物类型

盆栽植物种类繁多，由于原产地环境条件差异大，对需水量的要求也不同。一般分为 3 种类型。

• 旱生植物：有极强的抗旱能力，能忍受较长时期的空气或土壤干燥，如金琥、石莲花、虎尾兰、十二卷等。

• 水生植物：生长于水中，其根或根茎能忍耐氧的缺乏，如碗莲、铜钱草等，但若缺乏水分就难以生存。

· 中生植物：在湿润土壤中生长，生长期需要适当的水分和空气湿度。绝大部分花卉属于这一类。

（2）如何判断植物缺水

判断植物是否缺水，可以从两个方面看。

· 从土壤判断：首先是用手指或者木板轻敲花盆，如果发出的声音比较清脆，表示盆土已经较干，需要浇水；如果声音比较沉闷，表示盆土潮湿，不需要浇水。其次是用眼睛观察盆土表面的颜色，如果颜色变浅或者呈灰白色时，表示盆土已干，需要浇水；如果颜色较深，表示盆土湿润，不需要浇水。再次是将手指轻轻插入盆土摸一下土壤，感觉干燥或粗糙而坚硬时，表示盆土已干，需要浇水；如果感觉潮湿、细腻松软，表示盆土湿润，不用浇水。最后是用手指捏一下盆土，如果土壤为粉末状，表示盆土已干，需要浇水；如果土壤为片状或者团粒状，表示盆土湿润，不需要浇水。

· 从植物本身判断是否缺水：植物缺水时，整个植株会显得没有生气，表现为嫩枝和叶片萎蔫下垂甚至有枯萎黄叶，叶片皱褶没有光泽。如果在花期或者果期缺水，还会出现花和果实凋萎甚至脱落的现象。

（3）浇水原则

喜温植物多浇水、耐干旱植物少浇水；叶大、长势快的植物多浇水，叶小、长势慢的植物少浇水。气温高、大风干燥时多浇水；气温低、阴天时少浇水，雨天不浇水，休眠期少浇或不浇水。浇水方式因植物的不同而不同。

· 干透浇透：适用于山茶花、天竺葵等半耐旱性花卉，这类植物盆内土壤不干不浇，要浇一次浇透。

· 见（间）干见（间）湿：适用于菊花、金橘等中生性花卉。这类植物正常情况下每天浇水。

· 宁湿勿干：适用于蕨类、万年青等耐湿性花卉。这类植物盆土要经常保持湿润。

· 宁干勿湿：适用于仙人掌、仙人球等耐旱性花卉。这类植物盆土要经常保持干燥，有些种类可以长时间不浇水。

· 不能向叶面、花瓣洒水：一些叶面、花瓣肉质的植物不能向叶面、花瓣洒水，因其沾水过多会导致烂叶、烂花，如有大岩桐、仙客来等。这类植物浇水应避开叶面，喷浇土面。

浇花时需要掌握的原则还有浇花应慢、细、匀，绕盆土一圈一圈地浇。

（4）注意事项

这里所说的"干"，并非指种植土壤完全没有水分，而是土壤干的部分占总盆土 1/3 左右；"干透浇透，就是直到见水从底孔流出为止"的说法也是错误的，因为土壤干透了，盆与土之间会产生裂缝，浇水时水顺裂缝很快大量流失，显然无法浇透。遇此情况，应先松土再浇水或直接用浸盆法给水。

植物的修剪

植物的修剪是指对园艺植物的某些器官（如芽、干、枝、叶、花、果、根等）进行修剪等处理。

俗话说植物"七分管、三分剪"，这是一条重要的养花经验。通过剪去不必要的杂枝、病虫枝或为新芽的萌发而适当处理枝条，可以节省养分、减少消耗，保证营养集中供应所需的枝叶或促进开花，达到多开花、多结果的目的。并且还可以调节树势，使植物的枝条分布均匀，控制徒长，保证花木的株形整齐、优美。此外，修剪还可以使植物达到理想的高度和粗度，减少病害、虫害的发生，有利于提高花木成活率。

园艺植物种类很多，各自的生长习性不同，植株年龄和长势不同，在现代社区园艺中的用途、场所也就不同，具体每一株植物的修剪应根据不同的因素综合考虑。首先应该考虑植物的生长特性，再根据不同的园艺植物、不同的现代社区园艺用途来考虑。

【修剪期】

不同种类的园艺植物，不同的气候条件，就有不同的修剪方法和修剪时期。因为植物的生长发育跟随一年四季的变化而变化，因此要正确掌握修剪时期才可以达到植物修剪的完美状态。园艺植物修剪时期大致可分为休眠期和生长期，也就是通常说的冬季修剪和夏季修剪。

（1）休眠期（冬季修剪）

大部分园艺植物的修剪工作主要在休眠期内进行。落叶植物从落叶开始至春季萌发前的多数时间都处于休眠期，表现为生长停滞，营养物质大都回归到茎干和根部储藏，修剪后养分损失最少，伤口不易被感染，生长影响小。常绿植物的休眠期不明显，但冬季（11 月下旬到次年 3 月初）生长速度明显减缓，此时也是适合修剪的时期。

冬季修剪的具体时间应根据气候条件和植物种类来决定。北方地区冬季寒冷，修剪后伤口易受冻害，可在早春修剪；南方地区冬季温暖，自落叶后到翌春萌芽都可进行修剪；一些需保护越冬的植物，可在落叶后、土壤上冻前进行修剪，然后采取防寒措施。

（2）生长期（夏季修剪）

落叶植物从春季萌芽开始到秋季落叶前都处于生长期。常绿植物在这段时期也表现为生长旺盛，枝叶繁茂。作为冬季修剪的补充，夏季修剪可以通过抹芽、除蘖、摘心、环剥、扭梢、曲枝、疏剪等修剪方法，改善植物内部通风和采光，改变枝条生长势，调节营养流向和分配，维持良好的冠形。

【修剪方式】

要使植物看着漂亮就需要专门的修剪和养护，根据养花主人和养花爱好者的实践，现代社区园艺植物采取以下 4 种方法进行修剪时可取得比较好的效果。

（1）摘心

摘心也称为打尖或打顶，是将植株顶端细小的生长点部分去掉，破坏其枝条或植株的顶端优势，促使其下部两个或更多隐芽（或潜在芽）萌发成为新的枝条。通过扦插或播种繁殖的小苗大多采用摘

摘心

心的方法，摘心可促使其多分枝和多花头、多开花，形成优美的株形，此法在室内观叶类花卉的植株调整中应用得比较广泛；为了收到较好的效果，有时可连续摘心 2 ～ 3 次，使 1 个顶尖能萌发出 6 ～ 8 个分枝，摘心通常用于草本花卉或小灌木状的观赏植物；另外，可以通过摘心抑制植株的过快生长，促进枝条充实生长，使花和果实更大、观赏效果更好。

（2）疏剪

对生长过于旺盛的植株，应适时地疏剪植株内的枝条或摘除过密的叶片，以改善其通风、透光条件，使其健壮生长，从而使花和果实的颜色更艳丽；栽在室内的观叶类花卉还应经常将植株上的枯黄叶片、枝条及时摘除和剪掉，以保持清洁和减轻病虫危害。

疏剪

（3）抹头

许多植物栽种数年后，植株过于高大；有些植物在室内栽培有一定困难，或下部叶片脱落、株形较差，失去观赏价值，这时候需要彻底更新，进行重新修剪或抹头。例如，大型乔木状植物橡皮树和大灌木状的千年木、鹅掌柴及大型草本花卉如大王黛粉叶等，生长到一定程度时均需进行重修剪。通常的做法是在春季新梢萌发之前抹头，将植株上部全部剪掉；留主干的高低视不同种类而定，抹头后的植株根部亦需相应调整，应清理掉腐朽的老根和旧土，用新培养土重新栽植，待其重新萌发、生长成新的植株，剪下的枝条可用作扦插繁殖的材料。

其实很多新手并不知道抹头，因为抹头仅仅适合于千年木等大型植物，而抹头的原因也是因为植物过于高大，在室内栽培存在困难。

（4）去异

在室内观赏植物中，有许多花叶品种是绿叶植株芽变形成的，在花叶品种的栽培中常常出现返祖现象而萌发出完全绿色的枝条，这些完全绿色的枝条就称为异枝条，异枝条不具有本品种的特性。同时，因全绿色枝条生长速度远远超过花叶枝条，如果不及时将全绿色枝条剪掉，则花叶部分很快会全部被绿化枝叶覆盖，失去原来花叶品种的特点。因此，花叶品种的观叶类花卉，应经常注意随时剪掉植株上萌生出的全绿色枝条，以保持观叶类花卉花叶的正常生长并使其具有良好的观赏价值。

（5）疏花和疏果

对大部分观果类花卉来说，开花数量太多会影响花开效果及成果质量，所以应该对过密的花、果进行疏剪，因为留下的花不一定都能结果，所以留下的花应该为预计产果数的2～3倍，等到果实坐稳后，再把多余的幼果疏掉。例如，茶花等盆花常会形成过多的花蕾，为了使花开得更饱满、更好看，可以适当疏除花蕾。疏除花蕾应该尽早进行，以免多余花蕾消耗过多营养成分。一般在花芽和叶芽刚刚能够区分开时就进行，把多余的花蕾掰掉，每一小枝留1～2朵花便可。对不准备收获种子的盆花，应在其开放后及时除去残花，以免其消耗营养。

（6）剪根

剪根多在移植、换盆（翻盆）时进行。例如，苗木移植时剪短过长的主根，可促使其长出侧根，植物上盆或换盆时适度剪根可抑制枝叶徒长，从而促使花蕾形成。剪根一般在休眠期进行，如果植株过分徒长，在生长期也可以行切根作业。

【注意事项】

（1）剪口与剪口芽

剪口的形状可以是平剪口或斜切口，但剪口离下端芽的距离要恰当。距离过短，剪口芽容易风干；距离过长，剪口芽长势较弱，且剪口容易枯槁，距离一般应保持在 0.5 ～ 1 厘米。

（2）分枝角度

主枝或大骨干的分枝角度不宜过大或过小。分枝角度过小，两枝夹角处容易形成死皮层，负重较重（如结果、大雪）则容易劈裂；分枝角度过大，容易削弱枝条长势，或在背上萌发直立长枝，造成"树上长树"的现象。一般分枝角度应控制在 45° ～ 60°。

（3）修剪顺序

修剪时，应掌握先上后下、先里后外、先大后小的顺序。一般从疏剪入手把枯枝、密生枝、重叠枝等枝条先行剪去，再对留下的枝条进行短剪。需要回缩修剪时，应先处理大枝，再处理中枝，最后处理小枝。修剪后检查有无漏剪与错剪，以便修正或补剪。

（4）大枝的剪除

如果枝条为多年生枝且较粗，必须用锯子锯除，为防止枝条的重力作用而造成枝干劈裂，常采用分步锯除。首先从枝干基部下方向上锯入枝粗的 1/3 左右，再从上方锯下。

（5）剪口的保护

若剪枝或截干造成剪口创伤面大，应用锋利的刀削平伤口，用硫酸铜溶液消毒，再涂上油漆或保护剂，以防止伤口由于日晒雨淋、病菌入侵而腐烂。常用的保护剂有奇石保护蜡、豆油铜素剂等。

室内植物的病害、虫害及防治方法

在植物正常生长的情形下，就怕碰到病害、虫害，然而这些又是不可避免的情形，那应该怎么样去应对这些问题呢？

首先我们必须理解，现代社区园艺植物对病害、虫害的防治应该把握"以防为主"的原则。其次要注意增强治理，改善通风情况，做好肥水治理与修剪工作，使花木生长强壮，增加自身对病害、虫害的抵御能力，并实时消灭枯枝落叶，防止病虫流传。

现代社区园艺中的主要病害、虫害及防治方法简要介绍如下。

【病害】

（1）叶斑病

叶斑病主要危害植物的叶片，叶片受害初期产生黄褐色稍凹陷小点，边缘清楚。随着病斑扩大，凹陷加深，凹陷部呈深褐色或棕褐色，边缘呈黄红色至紫黑色，病健交界清楚。单个病斑为圆形或椭圆

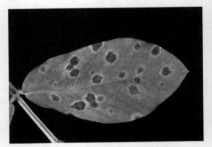

叶斑病

形，多个病斑融合成形状不规则的大斑。

防治方法：

• 及时除去病变组织，集中烧毁。

- 及时更换土壤或基质。
- 不宜对植株进行喷浇。
- 发病初期开始喷药以防止病害扩展蔓延。常用药剂有多菌灵可湿性粉剂、甲基托布津等。

（2）白粉病

白粉病主要危害叶片，在叶片上开始产生黄色小点，而后扩大发展成圆形或椭圆形病斑，表面生有白色粉状霉层。一般情况下，下部病变叶片比上部病变叶片多，叶片背面病变比正面病变多。霉斑早期单独分散，后联合成一个大霉斑甚至可以覆盖全叶，严重影响光合作用，使叶片正常新陈代谢受到干扰甚至造成死亡。

白粉病

防治方法：

- 注意通风，降低空气湿度。
- 早预防，白粉病一旦发生，蔓延很快，因此要注意发现中心病株并及时用药。
- 喷药要周全，喷药时要叶面、叶背一起喷，才能把病菌杀死。
- 大水量喷，该病菌遇水或湿度饱和时，易吸水破裂而死亡。
- 持续用药，一般第一次喷药后，隔4～5天再喷1次，连续喷2～3次。
- 发病初期，可用三唑酮（粉锈宁）可湿性粉剂或用超微粒硫磺胶悬液等。

（3）叶霉病

叶霉病主要危害叶片，严重时也可以危害茎、花、果实等。叶片发病初期，叶面出现病斑，叶背面初生白霉层，条件适宜时，病斑正面也可长出黑霉，严重时可引起全叶干枯卷曲，植株呈黄褐色干枯状。

防治方法：

• 及时清除病株残体，即病果、病叶、病枝。

• 通风降湿，减少或避免叶面结露。

• 用百菌清，每5～7天用药1次，连用2～3次。

（4）炭疽病

炭疽病主要发生在植物叶片上，常常危害叶缘和叶尖，严重时可使大半的叶片枯黑死亡。发病初期在叶片上呈现圆形、椭圆形小斑点，后期扩展成深褐色病斑，严重时病斑穿孔会导致叶片干枯脱落。

防治方法：

• 初期剪除病叶，经常保持通风、透光。

炭疽病

• 合理安排施肥，增施磷肥、钾肥，提高抗病能力。

• 发病期间及时喷洒甲基托布津可湿性粉剂或百菌清可湿性粉剂。

（5）立枯病

当幼苗已有一定程度木质化时感染病菌，使苗直立枯死。立枯病主要危害幼苗茎基部或地下根部，不产生絮状白霉、植株不倒伏且病程进展慢，病部逐渐凹陷、缢缩，有的逐渐变为黑褐色，最后当病斑扩大绕茎一周时植株将干枯死亡。

防治方法：

• 做好管理工作，播种前用药剂对种子进行消毒处理。

• 发现中心病株、病苗应立即拔除，用药剂进行处理，并加强通风。

• 发病后用药剂喷洒，使用青枯立克 50 ～ 100 毫升 + 大蒜油 7 毫升 + 沃丰素 25 毫升，兑 15 毫升水进行喷施，7 ～ 10 天 1 次，连喷 2 ～ 3 次。

【虫害】

（1）蚜虫

蚜虫是一种常见的植物害虫，常危害幼嫩的顶梢与花芽，致使嫩叶和新梢皱缩变形，严重的会导致植物死亡。蚜虫在瓜叶菊、矮牵牛、波斯菊、百合、小苍兰等花卉中多见。

蚜虫

防治方法：

• 蚜虫数量较少时，可人工清除。

• 用烟灰水、肥皂水等涂抹在病害处防治。

• 病害比较严重时，用氧乐果喷洒。

（2）介壳虫

常见的介壳虫有吹棉介壳虫和盾介壳虫，主要刺吸幼枝、幼叶，使叶片干枯、生长不良，严重时可诱发煤污病，使树冠发黑甚至死亡。介壳虫在山茶花、月季、苏铁、金橘、常春藤、鸟巢蕨等花卉中多见。

防治方法：

• 注意通风、透光和修剪枝叶。

• 病害始发时，可剪除病枝，用杀扑磷喷洒，每隔 10 天喷 1 次，连喷 3 次。

（3）红蜘蛛

红蜘蛛是高温环境下很容易繁殖的一种害虫，蔓延速度也非常快。红蜘蛛会在整株上结网，吸刺汁液，使叶片出现黄色斑，枯黄败落甚至死亡。红蜘蛛在牡丹、百合、网纹草等花卉中多见。

红蜘蛛

防治方法：

• 注意通风和增加空气湿度。

• 清除病害叶，严重时可用氧乐果喷杀。

【药物法】

这里的药物是指日常生活中可以口服使用的青霉素（阿莫西林、头孢等，注意儿童类药物、泡腾片不能使用，因为其可能含有糖或口感改良剂），勾兑剂量掌握在以每 5 升水中不超过 0.5 克为准。采用喷雾形式对叶面喷洒，对植物的霉斑病、枯萎病有效，直接浇灌对植物因为真菌引起的烂根有效，一般能够治疗与预防大多数疾病。

【物理方法】

粘蝇纸是防治植物病害、虫害简单实用的工具，将大的粘蝇纸剪成适宜大小的形状，铺设或悬挂于植物的周围或茎秆上（观察昆虫经过路径）。为增加诱虫效果可以将其涂抹上蜂蜜、香油等具有诱惑味道的物品。此外，还可以使用灯光诱虫法，购买捕虫灯配合夜间使用能对夜间活动的昆虫起到捕杀效果。

【化学方法】

（1）烟丝浸水法

将未使用过的烟丝浸泡在水中，待水呈现微黄色即可使用（兰花慎用，烟丝水最好不要浇灌而是采用喷雾法）。

（2）樟脑法

使用樟脑法时应注意家中儿童，应与带有孔洞密封盒子配合使用，放置于昆虫活动区域内（对蚂蚁、蝼蛄等类昆虫有效）。

（3）草木灰撒盆法

在盆面经常施撒草木灰，能大幅度降低郁金香、仙客来等花卉的灰霉病的发病率，同时还能增加花对钾肥的吸收，从而使花枝粗壮、花色艳丽。

草木灰撒盆

（4）食醋擦拭法

取50毫升食醋，将棉球于食醋内浸湿后在花茎、叶上轻轻擦拭，既可消灭介壳虫，又能使曾被介壳虫损害过的叶子重新返绿发亮。

（5）乙醇（酒精）涂擦法

用浓度为 75% 的乙醇轻轻地反复擦拭患有介壳虫病的病叶，能把肉眼看不见的幼虫彻底杀死。

（6）小苏打喷洒法

用浓度为 0.1% 的小苏打溶液喷洒受害植株，对月季、菊花、凤仙花、瓜叶菊等花卉的白粉病防治率可达 80% 以上。

 杀虫小妙招

　　施用肥料经常会导致花盆中滋生小飞蚊，使用保鲜膜密闭捕杀小飞蚊效果尤为理想。在夜间使用的预先量好的保鲜膜上喷少量的菊酯类（日常使用杀虫喷雾）杀虫剂，将保鲜膜密封花盆土壤部分，且不要接触土壤与植物，密闭至清晨，即可杀死大部分小飞蚊。

植物生长过程中的其他问题

【叶片脱落】

（1）卷曲、脱落

造成叶片卷曲、脱落的原因可能是温度比较低，或者是夏季温度过高。建议不要从叶片的顶部浇水，如果室外温度变化幅度过大，可以把花放在室内。

（2）突然脱落

当叶片没有褪色就变蔫脱落时，往往可能是植物受到了突然的袭击，如人为破坏、温度骤变、冷风突袭，或土壤干燥。木本花卉比草本花卉更容易落叶。

（3）叶片黄化脱落

如果有大量叶片黄化脱落时，那就说明浇水浇多了。只是偶尔有一两片老叶片脱落是十分正常的，不必担心。

（4）底部叶片干燥脱落

底部叶片脱落时，除了因温度过高带来的伤害之外，还可能是土壤太干燥。此时便应对植物进行日照和浇水了。

【叶片异常】

（1）叶片出现斑点或斑块

如果叶片上的斑点、斑块起皱变为褐色，极有可能是因为植物缺水。如果斑部软化呈黑褐色，有可能是化学药品伤害、日灼病或者由病虫导致的。如果斑点处有点湿润，便是由病害导致的。

遇到这种情况，建议在晴朗温暖的上午给植物浇水，如果是灼伤，要将植物搬到通风遮阴处，并把斑点叶片剪掉。

染上叶斑病的叶子，一定要剪掉或清理干净，以避免其感染健康的叶片。

（2）顶部叶片小又黄，严重时会出现褐斑

出现这种问题一般是植物不适应土壤成分，如喜酸性土的植物和对钙敏感的植物就不适应北方的硬水。

建议适当补充肥料，特别是磷肥、微量元素及硫酸亚铁。

（3）叶尖、叶缘变褐色

一旦出现这种现象，一定要区分特征，如果只是叶尖变褐色，有可能是由热空气导致的。

叶子的边缘变为褐色的原因比较多。例如，浇水过多或过少、光线过强或过弱、温度过高或过低等都有可能导致叶子边缘变为黄色或褐色。

（4）叶片小、色淡、茎细长

如果植物是在生长期出现了这种情况，可能是由于植物缺肥、光照不够或者浇水过多导致的。

建议把植物拿到室外，让它们多接受一些光照。

（5）叶片发蔫，没有生气

光线如果太强，绿叶一般就被晒蔫儿了，如果是大叶绿色植物，也有可能是因为叶片上有灰尘影响了植物的通气，所以也要记得常常清洗植物。

【植物生长缓慢】

如果植物长得越来越慢甚至不长了，或许是因为它的根系已经填满了花盆，没有多余的空间生长，需要换盆并剪除根系。另外，冬季一般是很多植物的休眠期，生长确实相对缓慢。

【茎叶腐烂】

冬季浇水过多或是夜晚叶片上有积水时，茎叶都容易腐烂。更严重的情况就是有可能患有茎腐病、软腐病，因此适量浇水对植物的生长极为重要。

【花盆侧面出现白碱】

如果花盆外面出现了白碱，那就说明植物施肥太多或是浇了硬水，建议在浇水之前先晒几天除氯，同时勤松土，保持土壤的通透性。

家庭插花与多肉植物种植

家庭插花

插花，简单地讲，就是把好看、有观赏价值的枝、叶、花、果从植株上剪下来，插到容器里，供人们观赏，用以美化、装饰环境。它不是随心所欲、漫无目的地拼凑，而必须经过一定的技术处理和艺术加工，按照一定的构思和造型，将各种花材组合在一起，插制成一件优美的花卉装饰品。

家庭插花作品

家庭插花不必像艺术插花那样讲究艺术形式和注重精神内涵，主要目的是通过简单的布置，增添生活情趣。家庭插花在取材、择器、造型等方面都比较自由与随意。只要自己喜欢，不论是从花店买回的鲜花，还是从庭院、田野中采撷的野花，都可以非常随意地插在家里的容器中（如易拉罐、牛奶瓶、茶杯、酒瓶、笔筒等），通过稍加给予的造型构思，就可成为家庭装饰品，给人一种难以言喻的快乐。

观赏草插花

【工具】

（1）铁丝或铜丝

铁丝或铜丝主要是用来固定或保持花枝的形态。人工性的弯曲或拉直加工时需要用到铁丝，铁丝的种类很多，而且有不同的型号，粗细分为18～30号，使用时需要根据插花造型的设计意图来选择。

（2）花剪和花刀

花剪和花刀是剪切花茎和枝条的主要工具，要根据修剪花材的不同而选用不同的工具。一般而言，修剪一些比较有韧性的枝条时用花剪，修剪鲜花的长短时用花刀，因为花刀切面比较平缓。修剪花材的切口要求是斜面，因其可以增加枝条与水肥的接触面，这样非常有利于植物的保鲜。

（3）花泥

花泥是一种用来固定花材而且吸水性很强的化学制品，保水性比较好，使用方法也相对简单。市场的花泥分鲜花泥和干花泥两种，一般而言干花泥是茶色的，鲜花泥是绿色的。花泥的形状也各种各样，需要根据花型来选择。

花泥

干花泥用于干花插花设计，不能吸入水分。鲜花泥需要充分地浸透水分才能使用，浸水时尽量使花泥自然吸水，不要施加任何压力，否则会造成外湿内干的状况，这将直接影响植物的吸水。

（4）插花容器

家庭插花除了用传统的花瓶以外，用越是不像花器的"花器"盛放鲜花，越容易给人深刻的印象。牛奶杯、白兰地杯、彩色玻璃杯、各种瓶子，甚至试管到陶瓷碗、铁皮小桶或藤编的小篮子都可以用作花器。广口玻璃瓶、缠着麻绳的酒瓶、铁皮盒子等也作为花器使用。

花篮插花

准备好材料，下一步就是将植物通过一定的步骤组合成一组漂亮的作品来装饰家了。

【插花步骤】

插花的步骤通常由修剪、固定、插序 3 个部分组成。

（1）修剪

对原本的植物枝条、花朵、叶片等进行修剪以去除黄叶、残花，对长短进行剪裁，枝条下方要剪切成斜口，以延长插养花卉的寿命。

（2）固定

简单来说，固定就是给植物材料摆造型，固定时可以借助工具，也可以用一些技巧。

• 折枝固定：给某些花卉摆设造型时，总有些枝条不易弯曲，如贴梗海棠和装饰用的松、枫等。这几种植物固定时不能用金属丝捆绑，需要折枝固定造型。折枝固定是指选中花枝的某个部分，双手握枝，用力弯曲枝条，遇到韧性较强的枝条时，可在折口处嵌入石子或者木块，避免枝条弯曲复位。

• 夹枝固定：插花时，花枝总是会出现各种移动，摆动不定。有两种方法可以解决这个问题，一是在花枝尾部剪切一道豁口，中间夹一个小枝条，呈十字交叉状，这样放在瓶底就会更加稳定。二是采用直枝夹缚固定，就是在原本的枝条上附加一根枝条，跟原本的花枝绑在一起，这种方法适合长花瓶。

• 瓶口插架固定：瓶口插架一般有"十"字形、"Y"形，主要是针对一些花瓶口太大、花枝不易固定的情况。"十"字形瓶口插架一般会让花枝靠在瓶口十字交叉的夹角处，如果是"Y"形瓶口插架，枝基支撑在瓶内壁上，枝腰靠在插架的凹口上。

• 切口固定法：在使用花座插花时，有些木本花卉较粗硬，难以插入花座。为了便于固定，一般采用基部切口的方法，就是根据花材造型需要截取后，在切口处纵向切几刀，形成若干个小豁口，让花枝能顺利地插入花瓶。这样既方便了花枝的固定，又扩大了创面，有利于花枝吸收水分。

• 斜面切口固定法：插花材料处理，除了对粗硬的木本花卉枝条用切碎枝梗的办法外，一般的木本花卉和较硬的草本花卉，都会采用斜面切口的办法。例如，银柳、蜡梅和菖兰等花枝均宜用斜面切口插入花插。若插直立的枝条，只需将花梗向下用力插就能插入花插。若要插成倾斜的形状，可先把花枝插成直立状，然后再将花枝向需要倾斜的方向推去。

（3）插序

插花的插序为选材—选插衬景叶—插摆花，实际操作中要先插花后插叶。要使家庭插花富有艺术性，需注意掌握以下插花的技巧。

* 高低错落：即花枝的位置要高低、前后错开，不要插在同一水平线上，也不要使花枝按等角形排列，否则就会显得呆板，缺乏艺术性。

* 疏密有致：即花和叶不要等距离排列，而要有疏有密。

* 虚实结合：即花为实，叶为虚，插花作品要有花有叶。

* 仰俯呼应：即上下左右的花枝都要围绕主枝相互呼应，使花枝之间保持整体性及均衡性。

高低错落的插花

* 上轻下重：即花苞在上，盛花在下；浅色在上，深色在下。

* 上散下聚：即基部花枝聚集，上部疏散。

【家庭插花常用造型】

（1）水平形

水平形是指设计重心强调横向延伸的造型，中央稍微隆起，左右两端则为优雅的曲线设计，这种造型最大特点是能从任何角度欣赏花。水平形插花多用于餐桌、茶几陈设。

（2）三角形

花材可以插成等边三角形、等腰三角形或不等边三角形。这种造型外形简洁、安定，给人以均衡、稳定、简洁、庄重的感觉。

（3）"L"形

"L"形是由两面垂直组合而成，左右呈不均衡状态，宜陈设在室内转角靠墙处。"L"形对于一些穗状花序的构成往往起重要作用，大的花果用于转角处，小的花向前伸延，给人以开阔向上的感觉。

萱草插花

"L"形插花

（4）扇形

扇形是在基本的三角形插花造型的基础上做相应变化，使其中心呈放射形，并构成扇面形状。扇形插花适宜陈设在空间较大之处。

（5）倒"T"形

倒"T"形是指整个设计重点呈倒"T"形，纵线及左右横线的比例为2∶1，给人以现代感。倒"T"形插花适合装饰于左右有小空间的环境中。

（6）垂直形

垂直形是整体形态呈垂直向上的造型，给人以向上伸延的感觉。垂直形插花适宜陈设于高而窄的空间。

（7）椭圆形

椭圆形是一种优雅豪华的造型。其采用大量的花材、集团式的插法，对结构、对比要求比较低。椭圆形插花可呈现自然的圆润感。

（8）倾斜形

倾斜形是不等边三角形，主枝的长短视情况而定，整个构图具有左右不均衡的特点。倾斜形多用于线状花材，可有效地表达舒展、自然的美感。

垂直形插花

倾斜形插花

 插花小贴士

• 刚购买或者采集的植物，应先在水里养半个小时，这样更有利于花卉保鲜。鲜切花、剪枝都在水下进行，避免产生气泡，阻止鲜花吸水。

• 裁剪植物时应该斜剪花枝，这样有利于花卉充分吸收水分，让花朵看起来更加新鲜饱满。

• 玫瑰花花柄尾部约 3 厘米的位置可以先在开水中烫过，这样可以疏通花梗，排除气泡，利于鲜花吸水。经过这样处理的玫瑰可以多放 3 天。

水瓶内临时插花

• 鲜切花都怕太阳晒。花瓶里添加几滴伏特加和一茶匙白糖，可延迟花朵萎蔫。

• 插花容器中可以放枚铜币，防止真菌或细菌滋长。

多肉植物种植

多肉种植课堂

最近几年，多肉植物因为其小巧精致、造型圆润可爱，逐渐受到人们的喜爱，爱花人士的家中更是随处可见。总的来说，多肉植物是非常好种植的，但也经常会出现"为什么我的多肉植物容易死"的声音。为了更好地种植和养护多肉植物，我们来看看要做哪些工作。

【工具】

种植多肉植物使用到的工具包括气锤、铲子、镊子、小剪子、尖嘴壶、喷雾壶、垫盆网、多菌灵等。

不同的多肉植物需要用不同的方式来养，也需要搭配不同材质的花盆。一般而言，种植多肉植物的花盆可选用塑料盆、瓷盆、红陶盆、木盆和自制花盆。

（1）塑料盆

塑料盆价格低廉、耐用、换盆脱土相当方便快捷、底部有大量开孔。底部大量开孔使其有较好透气性。塑料盆的缺点是不美观。配土可按泥炭∶颗粒为 1∶1 的比例混合。

（2）瓷盆

瓷盆分为挂釉盆和素烧盆。挂釉盆样式众多且很美观，价格也不算贵，保水性很强，但透气性差，在配土时建议添加较多的颗粒。素烧盆透气性和保水性一般，配土时对比挂釉盆可适当添加泥炭。近年来也开始流行在素烧盆上绘画，朴素又不失美观。

（3）红陶盆

红陶盆最大的特点就是排水透气能力极强，盆土干得特别快。所以，其很适合新手和浇水"狂魔"使用。红陶盆选择配土的时候应注意当地气候并考虑泥炭和颗粒的比例。它的缺点是款式单一、容易碰碎、保水性特别差。

（4）木盆

木盆透气性、排水性较好，但应注意木盆的防腐和防虫，以免影响植物根系正常生长。不过因为多肉植物一般是要多晒太阳，浇水也不会太湿，所以种植多肉植物的高手们即使使用木盆也不会有什么大问题。

（5）自制花盆

利用身边的一些东西，将它们用作花盆是很有意思的，例如将饮料筒用作花盆等。它们通过装饰也可以十分漂亮，例如，将彩色壁灯罩用作花盆也十分别致，还有人将陶瓷口杯用作花盆，别出心裁。

需要注意的是，花盆不同，管理也不一样。瓷盆保水不透气，浇水频率要低；陶盆透气不保水，浇水频率就要高；塑料盆虽然不美观，但是可以节约空间。选择瓷器作为多肉植物的花盆时，一定要选择底部有开孔的瓷器，或者用电钻将瓷器底部打一个眼，以增加透气性和透水性。

【种植方法】

多肉植物到手后要做的第一件事不是马上扒土种下，而是观察其根系状态。网购的多肉植物由于运输时间较长，部分根系会枯死；大棚种植多肉植物虽根系发达，但也有许多老化无用的根。这些都会阻碍新根的生长，如果不修剪就会造成多肉植物在生长期不见生长，不论怎么浇水都干瘪发皱等情况。当然，其根系健康完好没有干枯腐烂时是可以不必修根的。修根时应将枯叶、枯根、烂根、枯茎一并剪去，一些虫子就爱躲在这些地方。

修完根的多肉植物不能直接种下，应该根部朝上放在阴凉通风处晾根，

多肉植物上盆

让伤口干燥、愈合。修根会让多肉植物根部存在伤口，如果不晾根直接种下容易引起伤口感染病变。晾根前可用多菌灵快速浸一下。修根前也可以洗根，洗根的好处是可以洗掉黏附在根部的虫卵等异物，从而防止这些潜在威胁。

晾根完成后就可以上盆了。考虑好要用什么花盆及什么样的配土，不要来回折腾。填土时先在盆孔处放一块纱网，既隔虫又可以防漏土。底部填上一层陶粒等大颗粒基质避免以后浇水造成盆底积水。

轻轻将多肉植物摆好位置，用铲子从四周填土到距离盆口 1.5 厘米的位置。随后轻拍盆壁，使土紧实些后再填入适量的土。然后铺上一层薄薄的铺面石（如果购买的是老株总是倾倒，可通过增加铺面石的厚度来固定，不要把多肉植物茎用养殖土深埋），这样既好看又可以防虫、防腐。

上完盆后应该将其放在阴凉通风且有明亮散光的地方缓根。两三天后可以用尖嘴壶沿着盆壁少量地浇水。10 天左右新根就"有所动作"了，轻轻提或者推一推多肉植物，可以感觉到已经发根的多肉植物的"抓地力"，这

刚刚扦插的多肉

时可以逐渐让它去晒晒太阳，逐步增加晒太阳的时间让多肉植物适应，之后正常养护就可以。

上盆后可能会发现下方的叶子开始枯萎，这时不要担心，这是因为多肉植物正在消耗储存在老叶里的能量来生长，千万不要去把这些叶子揪下来。

【养护】

（1）浇水

浇水原则是见干见湿，也就是土壤干透时浇透水。如果不好判断土壤是否干透，可以插个牙签在土里，平时浇水时看牙签的干湿程度就好。"见干见湿"是种植花卉的一个常用术语，意指浇水时要一次浇透，然后等到土壤快干透时再次浇水，它的作用是防止浇水过多导致烂根和土壤潮湿引起的病害、虫害。当然，也不需要这么严苛，只要不是过于频繁地浇水，一般不会造成多肉植物死亡。种植多肉植物其实不难，只要"粗养"就行了，很多新手养死多肉植物都是因为浇水太过于频繁了。

多肉植物如果过于缺水，就会开始通过消耗自己叶片上的水分来维持所需养分。观察多肉植物的状态就可以判断该不该浇水了。

判断多肉植物缺水的方法有：

• 叶片不饱满，有凹陷。

• 叶片摸上去有些软。

• 叶片出现褶皱。

有些多肉植物缺水后原本打开的叶片会集中向叶心聚拢，也可以拿起花盆掂量一下，多肉植物干燥和湿润时的重量区别很大。

（2）光照

多肉植物都很喜欢阳光，有一定的光照会长得更好。光照对于多肉植物的重要性不必多说，其在生长季节要多晾晒，缺少光照、浇水过多就会出现徒长的情况，表现为茎或叶疯狂生长。室内种植多肉植物时由于光照条件不够，无法满足多肉植物的需求，常会出现徒长的情况。请注意光照指的是太阳光，不是灯光也不是办公室电脑屏幕的亮光。

　　夏季应该把多肉植物放在散光通风处，并降低浇水频率。散光处就是明亮但又不被阳光直晒的地方。散光的亮度越强越好。

受光照的多肉盆栽

（3）繁殖

多肉植物的繁殖一般采用叶插。

- 选取想要叶插的多肉植物，将叶片左右晃动，直到掉落。
- 把叶片放在阴凉通风的地方，等待伤口晾干。
- 将营养土填进花盆里，浇透水。
- 把叶片放在土上即可，之后保持湿润，1 个月左右就能长根发芽。也可以把叶片插进土壤里，等长出了根系和小芽之后，把根系压入土壤即可。

【多肉植物的病理表现及处理方法】

（1）烂根或黑腐

- 把已经烂根的多肉植物脱盆处理。

• 把下面的叶片摘掉，以便漏出腐烂的部分。

• 把腐烂的地方砍掉，确定茎干上没有任何腐烂的痕迹。然后把伤口放在阴凉的地方晾干。

• 准备好新的花盆和土壤。

• 再次上盆，浇透水放在阴凉通风处 1 ～ 2 天。

（2）化水

• 把所有化水的叶子都拔掉，检查茎干的情况。

• 如果茎干暂时没有感染，伤口处涂抹多菌灵，放在通风良好的地方养护，少浇水即可。如果茎干部分已经感染，处理步骤参考烂根。如果多肉植物的芯也一起化水了就表示多肉植物已经死了。

生病的多肉植物

20 种适合社区栽培的植物

长寿花

························

长寿花属于景天科，伽蓝菜属。

【推荐理由】

长寿花为多肉植物，肥大的肉质叶片终年翠绿，12 月至次年 4 月开出鲜艳夺目的花朵，有粉色、黄色、橙色、红色等。每一花枝上可开出多达数十朵花，花小，高脚碟状。其花期长达 4 个多月，长寿花之名由此而来，是元旦和春节期间馈赠亲友和长辈的理想盆花。

长寿花

【日常养护】

（1）温度

长寿花生长适温为 17 ~ 27℃。

（2）日照

长寿花应适当地晒太阳，要避免暴晒。

（3）浇水

长寿花浇水应该在中午 12：00 之前，晚上叶片要保持干燥。冬春二季减少浇水次数，以免烂根；夏秋二季以每3天浇1次水为宜。

（4）施肥

花期前每周施肥1次，以磷钾为主的鱼腥肥可促进花芽分化。花期每10天施肥1次，以磷酸二氢钾为主。

（5）病害、虫害防治

长寿花常见病害有霜霉病、炭疽病，可通过喷洒多菌灵、代森锰锌等杀菌剂来防治。

（6）繁殖

长寿花多用扦插法繁殖。

芦荟

芦荟属于百合科，芦荟属。

【推荐理由】

芦荟是常绿、多肉质的草本植物，在栽培上各有特征，叶常呈披针形或叶短而宽，边缘有尖齿状刺。芦荟本是热带植物，生性畏寒，但也容易种植。芦荟集食用、药用、美容、观赏于一身，在中国被作为美容、护发和治疗皮肤疾病的天然药物。芦荟胶对蚊虫叮咬有一定的止痒作用。

【日常养护】

（1）温度

芦荟生长适温为 15～35℃，5℃左右停止生长。

（2）日照

初植芦荟不宜暴晒，应摆放于室内见光处。

（3）浇水

芦荟会因浇水过多使盆土长期积水，根系因氧气不足而发黑坏死。春季每周浇水 1 次，夏季 2 ～ 3 天 1 次，秋季 7 ～ 10 天 1 次，冬季低于 15℃ 时不宜浇水。

芦荟

（4）施肥

芦荟需要施用适量的氮磷钾及有机肥、饼肥、鸡粪、堆肥等，蚯蚓粪肥更适合种植芦荟。

（5）病害、虫害防治

芦荟易患炭疽病、褐斑病、叶枯病等，发病的芦荟应除去带病部位，再将波尔多液施于叶面。

（6）繁殖

芦荟主要采用茎插法、根插法繁殖，叶插法很难使芦荟成活。

仙人球

仙人球为仙人掌科球状植物的统称。

【推荐理由】

仙人球为丛生肉质灌木，茎呈球形或椭圆形。刺对于仙人球的生存有重要意义，它是一种保护机制的产物，刺的数量多少及其排列、色

仙人球

彩、形状等各不相同且变化无穷，给人以美的享受。仙人球于夜间吸入二氧化碳释放氧气，因此被称为夜间"氧吧"。

【日常养护】

（1）温度

仙人球生长适温为 20 ～ 30℃。

（2）日照

仙人球适应大部分时节光照，建议室外养护。

（3）浇水

春秋季节浇水要掌握"不干不浇，不可过湿"的原则，浇水约 6 天 1 次；夏季应在早晨或晚上浇水，3 天 1 次；冬季应减少浇水次数，水温宜与土温相近。

（4）施肥

仙人球施肥宜在春秋季节进行，每隔 20 天施肥 1 次，盆土较干燥时，在盆土上洒水后再施肥，第 2 天早晨浇 1 次透水效果更佳。

（5）病害、虫害防治

仙人球常见的虫害有菜青虫、蝗虫，可以喷施溴氰菊酯进行有效控制。

（6）繁殖

仙人球宜在 5 ～ 6 月进行扦插繁殖。

富贵竹

富贵竹属于龙舌兰科，龙血树属。

【推荐理由】

富贵竹为多年生常绿小乔木观叶植物，植株细长，直立上部有分枝，茎叶纤秀，姿态优雅、潇洒，富有竹韵。中国有"花开富贵，竹报平安"的祝词，由于富贵竹茎叶纤秀，柔美优雅，极富竹韵，故而很受人们喜爱。

富贵竹

【日常养护】

（1）温度

富贵竹生长适温为 20～28℃，冬季要防霜冻。

（2）日照

富贵竹适宜照散射光，忌暴晒，宜在室内摆放。

（3）浇水

春秋季约 5 天浇水 1 次，见干浇水；夏季约 3 天浇水 1 次，保持盆土偏湿；冬季减少浇水次数，约 6 天浇水 1 次。水培的富贵竹喜欢腐水，生根后不宜换水，水分减少后只能及时加水，常换水易造成叶黄枝枯。

（4）施肥

家庭盆栽种植富贵竹应保持盆土湿润，每半月施 1 次腐殖酸肥液。

（5）病害、虫害防治

炭疽病和叶斑病是富贵竹的常见病害，发病初期可交替喷施百菌清和甲基托布津可湿性粉剂，每 7 天 1 次，连喷 3 ～ 4 次。

（6）繁殖

富贵竹常用扦插法繁殖。

绿萝

绿萝属于天南星科，麒麟叶属。

【推荐理由】

绿萝缠绕性强，根系发达，四季常绿，长枝披垂，是优良的观叶类花卉，既可让其攀附于用棕扎成的圆柱、树干上，摆于门厅、宾馆，也可培养成悬垂状置于书房、窗台、墙面、墙

绿萝

垣。绿萝还有极强的净化空气功能，有"绿色净化器"的美名。绿萝遇水即活，因顽强的生命力被称为"生命之花"。绿萝的花语是"守望幸福"，可以在家中摆上一两盆绿萝，色彩明快、极富生机，既可以装点居室，又可以净化空气，为生活添加一些小情趣。

【日常养护】

（1）温度

绿萝的生长适温为 15 ～ 25℃。

（2）日照

绿萝是阴性植物，喜散射光，忌阳光直射。

（3）浇水

春季以保持盆土湿润为度，4 天浇水 1 次；夏季 2 天左右浇水 1 次，可每天向气根和叶片喷水雾以降温；秋冬季约 5 天浇水 1 次，切勿浇水过勤。

（4）施肥

绿萝施肥以氮肥为主，钾肥为辅。生长期到来前每隔 10 天左右施硫酸铵或尿素溶液 1 次，冬季停止施肥。

（5）病害、虫害防治

绿萝常见的病害有叶斑病和根腐病，发病期应清除病叶，注意通风。可向叶片喷施多菌灵可湿性粉剂，并可灌根。

（6）繁殖

绿萝多用扦插法繁殖。

杜鹃花

杜鹃花属于杜鹃花科，杜鹃属。

【推荐理由】

杜鹃花又名映山红、山石榴，为常绿或半常绿灌木。相传，古有杜鹃鸟，日夜哀鸣而咯血，染红遍山的花朵，因而得名。杜鹃花一般春季开花，每簇花 2～6 朵，花冠呈漏斗形，有红、淡红、杏红、雪青、

杜鹃花

白色等多种花色，花色繁茂艳丽，是中国十大名花之一。杜鹃花繁叶茂，绮丽多姿，萌发力强，耐修剪，根桩奇特，是优良的盆景材料。

【日常养护】

（1）温度

杜鹃花的生长适温为 15 ～ 20℃。

（2）日照

杜鹃花需要一定光照，建议摆在阳台、窗台等能晒到太阳的位置。

（3）浇水

杜鹃花在春季生长期宜 2 天浇水 1 次，开花期每天浇水，保持盆土湿润即可；夏季每天浇水，并在叶面及周围洒水以保持空气的湿度，但忌中午浇水以防根部受冷水刺激；秋季 1 ～ 2 天浇水 1 次；冬季休眠期 4 ～ 5 天浇水 1 次。

（4）施肥

杜鹃花喜肥，春季出房后至花蕾吐花前，每 10 天施 1 次薄肥，施 2 ～ 3 次；花谢后，在 5 ～ 7 月施肥 5 ～ 6 次；入冬移入室内前应再施肥 1 ～ 2 次。

（5）病害、虫害防治

杜鹃花的主要病害、虫害有叶斑病和红蜘蛛病。红蜘蛛病可用乐果、风雷激乳油等喷杀。叶斑病的发病期在 5 ～ 8 月，发病期应每隔 2 周喷施 1 次托布津或代森锰锌。

（6）繁殖

杜鹃花多用扦插法繁殖。

栀子花

栀子花属于茜草科，栀子属。

【推荐理由】

栀子花枝叶繁茂，叶色四季常绿，叶片呈倒卵形，革质，翠绿有光泽；花朵芳香素雅，花期较长；浆果呈卵形，黄色或橙色。

栀子花

栀子花有一定耐荫和抗有毒气体的能力，故为良好的绿化、美化、香化的材料，作为阳台绿化花、盆花、切花或盆景都十分适宜。

【日常养护】

（1）温度

栀子花的生长适温为 16 ～ 18℃。

（2）日照

栀子花喜光照，但忌夏季强光暴晒，夏季宜放在阴棚或花荫下养护。

（3）浇水

栀子花浇水宜用雨水或发酵过的淘米水，亦可用晾放 2 ～ 3 天的自来水。春季应 1 ～ 2 天浇水 1 次，并向叶面及周围的地面洒水以保持土壤及空气的湿度；夏季应每天早、晚浇水并向叶面洒水；秋季开花后应 3 ～ 5 天浇水 1 次，且只是清水；冬季严格控制水量，5 ～ 7 天浇水 1 次，可用清水常喷洒叶面。

（4）施肥

栀子花在生长期每 7 ～ 10 天浇 1 次硫酸亚铁水或施 1 次矾肥水；现蕾后增施磷肥、钾肥；冬季停止施肥。

（5）病害、虫害防治

栀子花易发生介壳虫危害，可用竹签或小刷刮除，或喷施石油乳剂加水稀释的药液进行防治。栀子花较易患煤污病，可用清水擦洗，也可以用多菌灵进行喷洒防治。

（6）繁殖

栀子花一般进行播种繁殖。

蝴蝶兰

蝴蝶兰属于兰科，蝴蝶兰属。

【推荐理由】

蝴蝶兰是单茎性附生兰，茎短，叶大，花茎一至数枚，呈拱形，花大，花形似蝶，其花姿优美，颜色华丽，为热带兰中的珍品，有"兰中皇后"之美誉。

蝴蝶兰

【日常养护】

特别提醒：从市场上的蝴蝶兰很容易因环境改变而出现干包现象，此时不宜多浇水，应增加室内的湿度，控制室内的温度，温度不能太高，购花时应尽量选花瓣厚的。

（1）温度

蝴蝶兰的生长适温为 16 ～ 30°C，秋冬和冬春之交及冬季气温低时应注意增温。

（2）日照

盆栽蝴蝶兰宜放于朝北或朝东的阳台或窗台旁，避免烈日直射。

（3）浇水

春秋季每天浇水 1 次，保持盆土湿润即可，建议在下午浇水；夏季每天早晚各浇水 1 次，盆土要浸透；冬季每隔 1 周浇水 1 次，盆土湿润即可，建议在上午浇水。

（4）施肥

蝴蝶兰要薄肥勤施，生长期宜施氮肥、钾肥；催花期宜施磷肥、钾肥，每 1 ～ 2 周施用 1 次即可；花期、休眠期不施肥，花期前后需要补充适当肥料。

（5）病害、虫害防治

蝴蝶兰的病害、虫害与环境卫生状况有很大关系，低温或日照不足的情况下很容易产生病害，所以在平时要定期进行环境的清扫、控制温室状况，一旦发生病害，立即移除病株以防止病害传播。

（6）繁殖

蝴蝶兰多用分株法繁殖。

仙客来

仙客来属于报春花科，仙客来属。

【推荐理由】

仙客来因花冠状如兔耳，又像僧帽，所以又有兔耳花、僧帽花之称。仙客来是多年生草本植物，叶片肉质，多为心形。

育成期花蕾呈下垂状，至开放时逐渐"抬头"挺拔；花色繁多，有单色和复色；花期持久，一般为 12 月至次年 5 月，适逢圣诞节、元旦、春节等传统节日。建议摆放在客厅，仙客来的花名寓意"迎接贵客"，有祈求好运降临的吉祥意义。

仙客来

【日常养护】

（1）温度

仙客来的生长适温为 10 ～ 20℃，冬季应保持在 8℃ 以上，夏季不要超过 35℃，否则植株不易存活。

（2）日照

仙客来为吸光花卉，但忌强光，避免夏季暴晒，可摆放至室内透光处。

（3）浇水

仙客来喜湿润环境，但又忌积水。因此，每天适量浇水以保持盆土湿润，夏天要经常喷洒叶面，以保证空气湿度。开花前一般每天上午浇水 1 次，由盆边缓慢注入，不能直接对着叶片和株心洒水，否则叶子会腐烂。开花后 2 ～ 3 天浇水 1 次，盆土稍湿润即可，进入休眠期应停止浇水。

（4）施肥

仙客来应薄肥勤施，每 10 天施 1 次液肥，花期前施 1 ～ 2 次磷、钾液态肥，花期停止施肥。

（5）病害、虫害防治

仙客来易患软腐病，可在患病之前喷洒 1 次多菌灵，做好预防工作。

（6）繁殖

仙客来多用播种法繁殖，宜在秋季进行。

风信子

风信子属于百合科，风信子属。

【推荐理由】

风信子为多年生草本植物，根据其花色，大致分为蓝色、粉红色、白色、鹅黄色、紫色、黄色、绯红色、红色等8个品系，有滤尘作用，花香有稳定情绪、消除疲劳的作用。风信子植株低矮整齐，花序端庄，花色丰富，花姿美丽，是早春开花的著名球根花卉之一，花期为3～4个月，也是重要的盆花种类。其可作切花、盆栽或水培观

风信子

赏，建议摆放在书桌、茶几、窗台、餐桌上。

【日常养护】

特别提醒：水培风信子要求水位离球茎的底盘要有1～2厘米的空间，让根系可以透气呼吸。严禁将水加满没过球茎底部。

（1）温度

风信子的生长适温为17～25℃。

（2）日照

风信子喜欢阳光充足或半阴的地方。

（3）浇水

种植风信子时，浇水充足后就不需再浇水了。盆土忌过湿或黏重。

（4）施肥

风信子宜在生长期勤施追肥，地栽的风信子出苗后要及时松土，可选择在冬季施 1 次追肥，春季开花前、花谢后再各施追肥 1 次。

（5）病害、虫害防治

风信子易患灰霉病和根瘤病，灰霉病发病初期可施波尔多液、代森锌可湿性粉剂或斑锈清进行防治，严重时应摘除病花、病叶。根瘤病发病时进行消毒并加强通风，及时清除病株并对土壤灭菌。

（6）繁殖

风信子一般用分球法进行繁殖。

大花蕙兰

大花蕙兰属于兰科，兰属。

【推荐理由】

大花蕙兰植株挺拔，叶长碧绿，花茎直立或下垂，花大色艳，主要用作盆栽观赏。大花蕙兰适宜在室内花架、阳台、窗台摆放，更显典雅豪华，养此花之人有较高品位和

大花蕙兰

韵味。大花蕙兰以其植姿雄伟、花朵硕大为人们所喜爱。

【日常养护】

（1）温度

大花蕙兰生长适温为 10 ～ 25°C，冬季温度不得低于 5°C，否则易发生冻害。

（2）日照

大花蕙兰为耐光植物，喜强光，但夏季需要进行适度遮阴。

（3）浇水

春季一般 3 ～ 4 天浇水 1 次，待新芽长出较大新根时增加浇水量。夏季需每天浇水 2 ～ 3 次，并向叶面和周围洒水。秋季当新芽长成新的假鳞茎时，减少浇水量和浇水次数，可 3 ～ 4 天浇水 1 次。冬季严格控制浇水，可半个月浇水 1 次，保持盆土湿润。

特别提醒：水质宜为中性或微酸性，自来水不能直接用来浇大花蕙兰，需储放 1 ～ 2 天待氯气挥发后再用，储水池或水缸可放在花盆附近，使水温近似大花蕙兰所需的水温。

（4）施肥

大花蕙兰喜肥，4 ～ 7 月可施以 6 ：4 比例混合的豆饼和骨粉，每月施 1 次；9 ～ 10 月可每月施 2 次磷、钾液态肥，冬季不需要施肥。

（5）病害、虫害防治

大花蕙兰常见的病害有炭疽病、细菌病害等，防治主要以预防为主，可将盆栽架空放置，注意通风透光，并且每半个月喷 1 次杀菌剂即可预防病害的发生。

（6）繁殖

大花蕙兰多用分株法繁殖，宜在每年春末夏初进行。

瓜叶菊

瓜叶菊属于菊科，瓜叶菊属。

【推荐理由】

瓜叶菊又称为富贵菊，是多年生草本花卉，叶片大、形如瓜叶，绿色光亮；花色丰富，花期为 1 ～ 4 月。瓜叶菊的花语是喜悦、快活、快乐、合家欢喜、繁荣昌盛。此花色彩鲜艳，体现出美好的心意，适宜在春节期间送亲友。

瓜叶菊

【日常养护】

（1）温度

特别提醒：瓜叶菊喜冬季温暖、夏季无酷暑的气候，忌干燥的空气，要有良好的光照和疏松、肥沃、排水性良好的土壤。喜阳光充足和通风良好的环境，但不能在烈日下暴晒。

瓜叶菊的生长适温为 15 ～ 20℃。

（2）日照

瓜叶菊喜光，应短光照，夏季忌烈日直射。

（3）浇水

瓜叶菊在生长期间要增加浇水量，一般 3 天左右浇水 1

次，同时要保持土壤的湿度。还要保证空气的湿度，每天给叶面喷水 1 次，有利于植株健壮生长。

（4）施肥

初定植于盆中的瓜叶菊，一般约 2 周施 1 次液肥，现蕾期施 1～2 次磷肥、钾肥，少施或不施氮肥，以促进花蕾生长而控制叶片生长。开花前不宜过多施用氮肥。

（5）病害、虫害防治

瓜叶菊最易感染白粉病，染病叶片正面出现白色黏着物，并卷曲变形，枯死早落，需保证充足光照和及时通风来预防白粉病。若植株已经发病，可用药物进行喷治，同时剪除病叶并销毁，以免相互传染。

（6）繁殖

瓜叶菊多用种子繁殖。

吊兰

吊兰属于百合科，吊兰属。

【推荐理由】

吊兰的叶片细长，有时中间有绿色或黄色条纹，形似兰花，具有非常别致的美感，是传统的居室垂挂植物之一。吊兰还可以吸附室内的甲醛等有毒气体，因而被称为"绿色净化器"。

吊兰

【日常养护】

（1）温度

吊兰的生长适温为 18 ～ 25℃，低于 5℃ 时应注意防冻。

（2）日照

吊兰喜半阴环境，怕强光，宜摆放在窗台、卧室，每日光照 3 ～ 5 小时。

（3）浇水

春秋季每 1 ～ 2 天浇水 1 次，保持盆土湿润即可；夏季每天早晚各浇水 1 次，并向叶面和周围洒水；冬季每 4 ～ 5 天浇水 1 次，水量不宜过多。

（4）施肥

吊兰在生长期，每 2 周施 1 次液肥，会开花的吊兰品种应少施氮肥，环境温度低于 4℃ 时停止施肥。

（5）病害、虫害防治

吊兰较少发生病害、虫害，一般在盆土积水、通风不良的情况下，导致植株烂根即患根腐病，可用多菌灵可湿性粉剂浇灌根部，每 7 天 1 次，连用 2 ～ 3 次即可控制。

（6）繁殖

吊兰一般采用扦插法繁殖，从春季到秋季均可进行。

君子兰

君子兰属于石蒜科，君子兰属。

【推荐理由】

君子兰的根肉质呈纤维状，叶基部形成假鳞茎，叶形似剑，象征着坚强刚毅、威武不屈的高贵品格；花呈漏斗状，直立，黄色或橘黄色，有君子风姿，花形如兰，由此得名君子兰。君子兰可吸收室内的烟雾，释放出氧气，是净化室内空气的实用花卉。其花在元旦、春节期间开放，象征着喜庆吉祥、高雅尊贵。

君子兰

【日常养护】

（1）温度

君子兰的生长适温为 20 ～ 25℃，开花适温是 15 ～ 20℃，生长温度不能低于 5℃。

（2）日照

君子兰在夏季忌晒，要适当遮阴，冬季喜温暖、光照充足的地方。

（3）浇水

君子兰浇水以雨水、江水为最好，自来水则需储放 2 天使杂质沉淀，以改善水质，否则易烂根。春季每天浇水 1 次，以保持盆土湿润为度；夏季每天早晚各浇水 1 次，用细喷水壶喷洒叶面及周围；秋季 1 ～ 2 天浇水 1 次；冬季 5 ～ 7 天浇水 1 次，忌积水，以湿润为宜。

（4）施肥

君子兰一般在春、秋、冬三季施用液肥为好，但要适量，浓度过大容易烧根。底肥薄淡的前提下可以在浇水时随水带入淡淡的液肥。入伏后不宜施加任何肥料。秋季则宜施些腐熟的动物毛、角、蹄或豆饼的浸出液。

（5）病害、虫害防治

君子兰易患介壳虫病，介壳虫可以人工刮除，出现大量介壳虫时，可用25%亚胺硫磷乳喷杀。另外，发现君子兰软腐病时应立即把病株分开，清除腐烂部分，给予适当日光照射并保持通风。

（6）繁殖

君子兰适宜用分株法繁殖。

发财树

发财树属于木棉科，瓜栗属。

【推荐理由】

发财树

发财树又称马拉巴栗，其叶色亮绿，树干呈锤形，盆栽后适于家庭布置和美化环境使用。由于其耐阴性强，种植在室内等光线较差的环境下亦能生长，加上其外形优雅，绑上一些红丝带或金元宝稍加装饰就成为人见人爱的发财树，因此更成为逢年过节居家摆饰的宠儿。

发财树不仅美观，还能调节室内温度和湿度，有着天然"加湿器"作用。即使在光线较弱或二氧化碳浓度较高的环境下，发财树仍然能够进行高效的光合作用，吸收有害气体，提供充足的氧气，对人体健康有很大作用。

【日常养护】

（1）温度

发财树的生长适温为 18 ～ 30℃，冬季低于 5℃ 时应注意防冻。

（2）日照

发财树属于强阳性植物，也很耐阴，每日以光照约 2 小时为宜。

（3）浇水

春秋季室内发财树宜 5 ～ 10 天浇 1 次透水，室外全光照则 1 ～ 2 天浇 1 次透水，并经常向叶面洒水，洗去灰尘。夏季室内发财树宜 3 ～ 5 天浇 1 次透水，夏季炎热，不宜将发财树放于室外。冬季室温若在 12℃ 左右可 1 个月浇 1 次水。

（4）施肥

发财树为喜肥植物，在生长期每隔 15 天使用 1 次附属的液肥或者混合型育花肥，即可使发财树生长得很好。

（5）病害、虫害防治

发财树常见的病害有根腐病和叶枯病。根腐病可使用多菌灵、雷多米尔溶液喷施；叶枯病可直接摘除病叶，也可喷施多菌灵或百菌清溶液。

（6）繁殖

发财树一般采用扦插法繁殖。

薄荷

薄荷属于唇形科，薄荷属。

【推荐理由】

薄荷全株青气芳香，叶对生，花小、淡紫色、唇形，花后结暗紫棕色的小粒果。薄荷是我国常用中药之一；采摘的薄荷又是春节餐桌上的鲜菜，清爽可口；平常以薄荷代茶，清心明目。

薄荷

【日常养护】

（1）温度

薄荷的生长适温为 25 ～ 30℃。

（2）日照

薄荷为长日照植物，喜阳光。

（3）浇水

薄荷前、中期特别是生长初期，根系尚未形成，需水较多，一般15天左右浇水1次。待枝繁叶茂后应适量减少浇水量，以免茎叶疯长，发生倒伏，造成下部叶片脱落。

（4）施肥

薄荷喜肥，在生长期间1个月追肥1次，肥料以氮肥为主，可以适当施入磷肥、钾肥，生长期间如果需要收割枝叶，应该在收割时进行追肥，以促进植株恢复良好的株型。

（5）病害、虫害防治

薄荷的主要病害是黑胫病，其发生于苗期，症状是茎基部收缩凹陷，变黑、腐烂，植株倒伏、枯萎。可在发病期间用百菌清或多菌灵兑水喷洒防治。

（6）繁殖

薄荷采用扦插法繁殖。

铜钱草

铜钱草属于伞形科植物。

【推荐理由】

铜钱草，叶圆形盾状，如一枚铜钱，具长柄、波浪缘，夏秋季开小小的黄绿色花。铜钱草栽培管理简单，株形美观，叶色青翠，十分耐看，是目前

铜钱草

花友们极为喜欢的水草之一，因此得以广泛推崇。铜钱草在温暖地区可露地盆栽，亦适于在水盘、水族箱、水池、湿地中种植，室内水体绿化、水族箱栽培时常作为前景草使用。

【日常养护】

（1）温度

铜钱草的生长适温为 22 ～ 28℃，低于 5℃时应注意防冻。

（2）日照

铜钱草性喜温暖潮湿，半日照或遮阴处为佳，忌阳光直射。

（3）浇水

铜钱草对水质要求不严，可在硬度较低的淡水中进行栽培。盆栽种植铜钱草需要长期保水，春秋季每天浇 1 次透水；夏季每天浇 2 ～ 3 次透水，并向叶面和周围洒水；冬季注意

保湿，盆土湿润，有积水即可。

（4）施肥

铜钱草喜肥，生长旺盛阶段每隔 2 ～ 3 周追肥 1 次即可。盆栽或种植在容器中的铜钱草，需要少量施肥。肥料一般使用速效肥——画报二号，或缓效肥——魔肥。

（5）病害、虫害防治

铜钱草的病害、虫害主要有叶斑病、食叶螺蛳病及青苔病等。防治叶斑病可用 25% 或 12% 的绿乳铜兑水喷洒，每周 1 次，连续喷 2 ～ 3 次即可。治疗食叶螺蛳病可用贝螺杀拌细土撒入栽植池中；患青苔病时可用波尔多液喷洒。

（6）繁殖

铜钱草繁殖以分株法或扦插法为主。

虎刺梅

虎刺梅属于大戟科，大戟属。

【推荐理由】

虎刺梅茎上有灰色粗刺，叶卵形，老叶脱落；小花外侧有两枚淡红色苞片，苞片有黄色，也有深红色；四季均开花，在北半球冬季开花最盛。虎刺梅全株有毒，白色乳汁毒性强，误食会引起呕吐、腹泻。家庭种植时不要随意折花给孩子玩，以免

虎刺梅

造成危害。

【日常养护】

（1）温度

虎刺梅的生长适温为 15 ～ 22℃，10℃ 以下转入休眠状态。

（2）日照

虎刺梅喜温暖、阳光充足的环境，稍耐阴，耐高温，适于室内观赏。

（3）浇水

虎刺梅春秋季 2 ～ 3 天浇水 1 次；夏季每天浇 1 次透水；冬季严格控制浇水，保持土壤干燥。

（4）施肥

虎刺梅在生长期每隔半个月施肥 1 次，立秋后停止施肥，忌用带油脂的肥料以防根部腐烂。

（5）病害、虫害防治

虎刺梅易发生茎枯病和腐烂病，可用克菌丹溶液，每半个月喷洒 1 次。虫害有粉虱和介壳虫危害，可用杀螟松乳油溶液喷杀。

（6）繁殖

虎刺梅多用扦插法繁殖。

水仙花

水仙花属于石蒜科，水仙属。

【推荐理由】

水仙花是多年生草本花卉。花瓣多为 6 片，花瓣末处呈鹅黄色，花蕊外面有一个如碗一般的保护罩。请注意，水仙花鳞茎多液汁，液汁有毒。

水仙花

客厅是家人团聚和会客的场所，选用高贵大方的水仙花，能让人感到宁静、温馨。水仙花亦可放在书房和卧室，营造出一种恬静舒适的气氛。水仙花放在家里，可以吸收噪声，也可以吸收废气并释放出清新的空气。中国水仙花独具天然丽质，芬芳清新，素洁幽雅，超凡脱俗，在过年时象征着思念，意寓团圆。

【日常养护】

（1）温度

水仙花的生长适温为 12 ～ 15℃。

（2）日照

水仙花宜放在阳光充足、通风良好的地方。花蕾期移至室内阴凉处，避免阳光直射。

（3）浇水

水仙花刚上盆时，可以每天换水 1 次，以后每 2 ～ 3 天换水 1 次，花苞形成后，每周换水 1 次。

（4）施肥

水仙花喜肥，开花期为 6 ～ 9 月，需每 2 ～ 3 天施 1 次含磷的液肥。

（5）病害、虫害防治

大褐斑病、叶枯病、线虫病等是水仙花的常见病害、虫害，可分别使用药剂喷施防治，染病严重的应立即将病株剔除。

（6）繁殖

水仙花多采用侧球法和侧芽法繁殖。

滴水观音

滴水观音属于天南星科，海芋属。

【推荐理由】

滴水观音是多年生常绿草本花卉，有药用价值，球茎和叶可以药用，茎内的白色汁液有毒，有小孩的家庭最好不要种植。在空气温暖潮湿、土壤水分充足的条件下，它便会从叶尖端或叶边缘向下滴水，而且开的花像观音，因此称为滴水观音。滴水观音的花语是志同道合、诚意、内蕴清秀。

滴水观音

【日常养护】

（1）温度

滴水观音生长适温为 18℃ 以上，气温低于 18℃ 时，滴水观音处于休眠状态，停止生长。

（2）日照

滴水观音为喜阴植物，要避免阳光的直射。

（3）浇水

春秋季 2 ～ 3 天浇 1 次透水；夏季高温时要加强喷水，每天 1 次，并向叶面和周围洒水；冬季每周喷 1 次温水即可保持其叶色浓绿。

（4）施肥

滴水观音在生长季节应保持盆土湿润，每月施 1 ～ 2 次以氮素为主的氮磷钾稀薄液肥，入冬停止施肥。

（5）病害、虫害防治

滴水观音的常见病害有叶斑病和炭疽病。叶斑病可用百菌清或者多菌灵溶液对叶面进行喷洒，每 7 天 1 次，2 ～ 3 次即可；炭疽病则需用甲基托布津溶液对叶面进行喷洒，每 7 天 1 次，连续喷 2 ～ 3 次，病情便可得到控制。

（6）繁殖

滴水观音采取分株法和播种法繁殖。

参考文献

《家庭养花一本通》编委会.家庭养花一本通.北京：北京科学技术出版社，2017：20-30.

丁海伶，江灏，双福，等.从零开始学种花种香草.北京：化学工业出版社，2014.

凤莲，向敏.家庭养花实用大全集.北京：新世界出版社，2011.

花草游戏.阳台种花与景观设计.福州：福建科技出版社，2010.

黄志强，江穗秀.实用家庭插花技法.南京：江苏科学技术出版社，2013.

霍华德.园艺设计初体验.张嘉馨，刘平译.北京：电子工业出版社，2012.

马超.四季养花—家居—家庭园艺.石家庄：河北科学技术出版社，2017.

马克·威尔福，史蒂芬·威克斯.简易插花：英伦花艺大师经典插花课.刘新慧译.北京：中国轻工业出版社，2018.

慢生活工坊.最实用的家庭养花宝典.福州：福建科技出版社，2014.

梅星焕.家庭插花艺术——紫罗兰家庭花艺丛书.上海：上海科技教育出版社，2001.

帅帅讲生活.肉肉到手之后，新手一定要注意以下几点，肉肉才能长得好.http://3g.163.com/dy/article/DDBS4EBV0525TD3M.

html [2018-05-16].

孙德政.庭院绿化与室内植物装饰.北京:中国水利水电出版社,2014.

吴宣劭.阳台花园新体验:打造超人气空中花园.北京:新世界出版社,2014.

犀文图书.家庭养花——观叶盆栽.长沙:湖南美术出版社,2013.

攸宜.新编居家健康花草大全,北京:北京联合出版公司,2014.

珍妮·亨迪,西蒙·奈克若尔德,齐亚·奥利维,等.家庭园艺种植百科.徐静,鲁芬译.北京:北京美术摄影出版社,2018.

周彩莲.养花、赏花、用花:旺家健康花草养护图鉴.北京:中国轻工业出版社,2016.